반려견 맞춤 간식 100선

지은이 · 오지영
펴낸이 · 이충석
꾸민이 · 성상건

펴낸날 · 2017년 5월 15일
3쇄 · 2019년 8월 14일
펴낸곳　도서출판 나눔사
주소 · (우) 03446 서울특별시 은평구 은평터널로7가길
　　　20. 303(신사동 삼익빌라)
전화 · 02)359-3429　팩스 02)355-3429
등록번호 · 2-489호(1988년 2월 16일)
이메일 · nanumsa@hanmail.net

ⓒ 오지영, 2017

ISBN　978-89-7027-300-6-13490

값 19,000원

홈메이드 강아지간식 레시피~

오지와 함께 만드는

반려견
맞춤 간식 100선

오지영 지음

나눔사

사람들은 매번 간식을 만드는 저의 모습을 보고 부지런하다, 정성이 대단하다고 해요. 하지만 일단 시작해보면 생각보다 어려운 일이 아니라는 것을 알게 됩니다. 오히려 조금만 시간을 투자하면 나의 반려견에게 건강한 간식을 줄 수 있다는 기쁨과 반려견이 좋아하며 먹는 모습을 보면서 더 큰 행복을 느끼게 된답니다.

저는 지금도 차돌이가 어린 강아지로 처음 입양되던 때를 생각하면 마음이 아파요. 우리 집에 온 뒤로 얼마 지나지 않아 '홍역'이라는 큰 병을 치러야 했어요. 아직 차돌이에게 정이 많이 쌓이지 않았을 때였지요. 분양해준 애견 센터에서는 대수롭지 않게 "다른 강아지로 바꿔줄 테니 데려와라"고 말했어요. 저는 강아지를 물건처럼 대하는 직원의 태도에 어이가 없었어요. 그런 곳으로 아픈 차돌이를 돌려보내기는 싫었어요. 그날부터 차돌이와 함께 홍역을 치러내기 위한 싸움이 시작되었어요. 강아지에게는 생존율 10%미만인 치명적이라는 병을 이겨내기 위해서 남편과 저는 밤낮을 가리지 고 않고 간호했어요. 홍역은 잘 먹는 것이 가장 중요하다고 해서 뭐든지 몸에 좋다는 간식과 특식을 다 사다 먹였어요. 할 수만 있다면 병원에 불판을 가져가 소고기라도 구워서 줄 정도로 극성을 부렸지요. 그러나 어린 차돌이는 통통 불린 사료 외에는 다른 걸 별로 먹지 않았어요. 호전될 기미가 보이지 않았어요. 하지만 우리 부부는 포기하지 않고 차돌이에게 매달렸어요. 온종일 차돌이 곁에 붙어서 먹을 것을 챙겼어요. 어느 순간 차돌이도 우리의 마음을 느꼈는지 살려는 의지를 보이기 시작했어요. 작고 힘없는 몸으로 힘든 치료 과정을 순순히 받아들이고, 억지로라도 맛 없는 사료를 잘 먹어주었답니다.

차돌이는 꼬박 한 달을 넘게 치료 받으며 기적같이 살아났어요. 홍역의 후유증도 없었지요. 저는 큰 병을 견뎌준 차돌이가 고맙고 대견해서 모든 개들이 좋아한다는 유명 제품의 간식과 먹거리를 사다 날랐어요. 많이 먹고 힘내라고 마구먹였어요.
그런데 얼마 못가서 차돌이가 이번에는 피부병을 심하게 앓게 된 거예요. 이것저것 분별없이 먹인 결과였지요. 우리 집으로 온 뒤 오랫동안 병원신세를 지게 하고, 또 이렇게 피부병을 앓게 만들다니, 차돌이에게 면목이 없었어요. 그래서 이때부터 공부를 하기 시작했어요.
아는 것이 힘이라고 두꺼운 동물 영양학 서적까지 읽어가며 직접 고른 좋은 재료로 간식을 만들어 주게 되었답니다. 무엇보다 가장 큰 변화는 간식을 만들어 주면서 생긴 차돌이와의 교감이예요. 사랑하는 가족끼리 느끼는 유대감이랄지 믿음이랄지.

저는 간식을 만드는 일이 단순히 건강한 먹거리를 제공하는 것, 그 이상의 의미가 있다고 생각해요. 간식을 주면서 자연스럽게 교감을 나누게 되고 나의 강아지의 성향이나 기호, 습성도 파악하게 되거든요.

"간식을 주지 않는 것이 더 건강하다, 아니다."라는 찬반 의견들도 있지만. 제가 만든 맛있는 간식을 먹고 매일 산책을 하는 차돌이는 몸무게도 표준치 정상이고 늘 건강한 변을 보며 모량도 풍부하게 건강을 잘 유지하고 있답니다. 결국 반려견의 건강은 반려인이 하기 나름 아닐까 싶어요.

최근에는 수제 간식에 대한 관심이 높아지면서 제 개인 블로그에 올린 레시피를 보고 많은 분들이 질문을 해주세요. 나름 성실히 답을 드리고는 있지만 아직도 많이 부족함을 느낀답니다. 우연한 계기로 제 블로그가 인터넷 신문에 연재되고, 방송에 소개되면서 본의 아니게 책으로까지 펴내게 되었어요. 많은 블로그 이웃님들의 응원에 힘입어 책을 내긴 하지만 저는 단지 수제 간식을 직접 만들어 주면 좋은 점을 알릴 수 있는 계기라고 생각해서 용기를 내게 되었답니다.

저는 식품영양학을 전공한 사람도 아니고 수의학을 공부한 전문가도 아니에요.

그저 사랑하는 나의 반려견을 위해 식품 사전을 뒤져가며 정성껏 엄마의 마음으로 간식을 만든 주부일 뿐이예요.

간식을 만들다보니 점차 욕심이 생기더라고요. 처음에는 쉽게 구할 수 있는 재료로 간단한 간식을 만들었는데, 익숙해지니까 '이번에는 이런 걸 만들어보면 어떨까?' 하는 생각이 자꾸 드는 거예요. '오늘은 특별한 날이니 그럴듯한 케이크를 만들어 줘볼까?' '매번 비슷한 간식이 지겹지는 않을까?' 하며 색다른 간식 레시피를 찾게 되더라고요.

그리고 이번에 책을 내면서 체계적으로 정리해 보았어요. 반려견의 생김새나 상태, 각종 질병 예방이나 영양 보충 등여러 상황에 알맞게 필요함직한 레시피를 소개했어요. 간단한 레시피부터 조금은 과정이 복잡한 난이도 있는 간식 레시피까지 다뤘습니다. 식재료 또한 쉽게 구할 수 있는 것부터 시중에서 구하기 어려운 재료까지 다양하게 사용했어요. 제가 구입했던 재료의 구입처는 책 한 켠에 별도로 밝혔으니 참조하시면 좋을 것 같아요. 제가 소개하는 레시피를 보고 그대로 만들어보셔도 좋고, 응용하여 나만의 반려견을 위한 맞춤 간식을 만들어보셔도 좋겠어요. 아마도 제가 차돌이에게 간식을 만들어 주면서 느낀 행복과 즐거움을 여러분도 함께 느끼실 수 있을 거예요.

책을 출간하기로 결심하고도 걱정을 많이 했어요. 마침 아기를 출산한지 얼마 되지 않았던 때이거든요. 하지만 사랑하는 가족의 도움으로 원고를 무사히 끝낼 수 있었습니다. 바빠서 잘 챙겨 주지 못했지만 하루가 다르게 잘 자라주는 나의 딸 다민이와 말로 표현하지 않아도 늘 고맙고 든든한 저의 남편, 그리고 저 대신 살림을 거의 다 맡아서 해주신 부모님, 말과 글로는 다 표현할 수 없을 만큼 많이 사랑하고 고맙습니다. 이렇게 책을 낼 수 있도록 도와주신 주위의 모든 분들께 감사드립니다.

이 책이 차돌이와 저에게 좋은 추억이 되고, 많은 분들에게 반려견을 위한 정성과 사랑이 담긴 간식을 만드는데 도움이 되기를 바랍니다.

2017. 1. 오지영

CONTENTS
반려견 맞춤 간식 100선

 레시피

일러두기

이 책에서는 초보자를 위주로 간단한 것부터 난이도가 높은 것에 이르기까지 100가지의
레시피를 다양하게 담았습니다.
나의 반려견에게 필요한 상황별, 증상별로 맞춤 간식을 20가지의 카테고리로 분류하였습니다.

1 계량법

1큰술: 밥 숟가락 기준
1작은술: 티 스푼 기준
레시피에 사용된 식촛물 소독의 양은 물 1리터에 식초 50ml입니다.

2 레시피는 다양하게

이 책에 실린 레시피는 질병에 대한 치료식이 아닙니다.
식재료의 효능을 참고해 만든 간식입니다.
레시피는 다양하게 활용하세요!
이 책에서 다룬 레시피를 활용하면 자신만의 반려견을 위한 다양한 맞춤
수제 간식을 만들 수 있어요! 이 레시피에 사용되는 재료는 얼마든지
반려견의 기호에 맞게 바꾸어 사용할 수 있습니다.

알레르기가 있는 식재료나 집에 구비하고 있지 않은 재료는 다른 것으로
대체하세요. 다른 재료로 대체하여 사용할 때도 레시피에 표기된 용량과
같은 양으로 넣어야 실패하지 않습니다.

3 쿠킹 팁 활용하기

고기는 다져서 사용하는 것이 좋지만 간편한 분쇄육을 사용해도 무방해요. 하지만 분쇄육을 사용할 때는 신선도에 주의해야 합니다.

채소는 칼로 다져 사용하거나 간편하게 조리하기 위해 믹서에 갈아 사용해도 좋아요. 단, 믹서를 이용하면 수분이 많이 생겨 표기한 쌀가루의 양보다 더 넣어 주는 것이 좋습니다.

베이킹 종류의 간식에는 최소한의 쌀가루만 사용하기 때문에 반죽이 묽은 편입니다. 반죽이 질척거려 모양을 잡기 어렵다면 쌀가루를 추가해 주어도 좋아요. 베이킹 쌀가루에는 글루텐 함량에 따른 박력 쌀가루, 강력 쌀가루가 있습니다.
위 레시피에서는 글루텐의 함량이 낮은 박력 쌀가루를 사용했습니다.
크게 부풀고 예쁜 모양의 간식을 만들고 싶다면 강력 쌀가루를 사용하세요.
또한 쌀가루가 없다면 밀가루를 사용할 수 있습니다.

지방 섭취를 줄이기 위해 기름에 볶거나 부치는 간식은 식물성 기름을 사용하고 물을 이용해 익혀 낸 뒤 기름을 살짝 두르고 조리하면 지방 섭취를 최대한 줄일 수 있습니다.
건조가 필요한 간식의 경우는 식품건조기를 사용하지 않고 자연 건조로도 가능하지만 자연 건조 중 오염 부패가 되지 않도록 주의해야 합니다.

오븐 및 식품 건조기 등의 온도와 조리 시간은 도구의 화력이 다를 수 있으므로 참고하여 조절하세요.

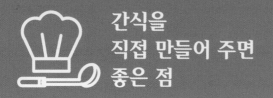

건강한 음식이 건강한 몸을 만드는 건 당연한 이야기겠지요.

시중에는 인공 첨가물과 방부제를 넣어 판매되는 강아지 간식이 너무나도 많습니다.

가격이 저렴하고 쉽게 구매할 수 있는 장점이 있지만 계속 먹이다보면 반려견의 털 빠짐, 구토, 피부 트러블 등의 증상이 생기게 되는 경우가 많습니다.

간식을 직접 만들어 주면 부족한 영양을 보충해주어 반려견이 건강해질 뿐만 아니라 그 과정에서 반려견과의 더 큰 교감과 애정을 나눌 수 있게 된답니다.

1 신선한 식재료로 만든 위생적인 간식

건강한 간식의 첫 번째 요소는 신선한 재료의 사용이겠지요.

신선한 제철 채소와 과일을 사용할 수 있고 마트에서 금방 산 신선한 생고기를 이용할 수도 있습니다.

가정에서 만든 간식은 직접 고른 식재료를 사용하기 때문에 믿을 수 있고 깨끗한 환경에서 조리하기 때문에 위생적입니다.

이에 비해 대량 생산되어 시중에 판매되는 간식은 사용된 재료의 신선도가 어느 정도인지 또 조리 환경이 얼마나 위생적인지 소비자는 알 수 없습니다.

2 나의 반려견에게 필요한 재료를 선택하여 만드는 맞춤 간식

수제 간식을 만들어 주는 가장 큰 이점은 오로지 나의 반려견에게 맞춘 간식이라는 점입니다. 나의 반려견의 기호에 따른 재료를 사용하고 변비로 고생중일 때, 수분이 부족할 때, 영양보충이 필요할 때 등 상황에 따른 간식을 만들 수 있습니다.

필요에 따른 다양한 영양소가 든 식재료를 활용하면 부족한 영양을 보충할 수 있습니다. 그밖에도 간식의 크기, 양, 식감까지도 나만의 반려견을 위한 맞춤 간식을 만들 수 있습니다.

3 알레르기를 유발하는 식재료는 대체

시중에서 파는 간식에는 여러 가지 성분이 포함되어 있어 어떤 재료 때문에 알레르기 반응이 일어나는지 파악하기 어렵습니다.

간식을 먹고 알레르기 반응이 일어나면 단순히 '이 간식은 먹이면 안 되겠다' 하고는 또 같은 성분이 들었지만 모양만 다른 간식을 구입하게 됩니다.

하지만 직접 만들어 급여하면 어떤 식품류에서 알레르기 반응을 일으키는지 쉽게 알아낼 수 있고 알레르기를 유발하는 식재료는 피해서 간식을 만들 수 있습니다.

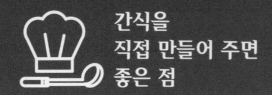

4 경제적 비용 감소

우리가 먹는 식재료를 이용해서 만들기 때문에 많은 비용이 들지 않습니다. 간혹 특수한 육류 부위를 강아지 간식용으로 따로 구입하더라도 사먹이는 간식보다 재료를 구입해 만드는 것이 양과 가격에 비례하면 훨씬 경제적입니다.

특히 한 마리가 아닌 여러 강아지를 키우거나 식사량이 많은 대형견의 경우, 간식을 만들어 먹이면 경제적 부담을 줄일 수 있습니다.

5 반려견과의 교감과 행복

그 동안, 우리 강아지는 아무거나 다 잘 먹는다고 당연한 듯 생각하고 있지는 않았나요? 간식을 직접 만들어 주면 그 해답을 찾을 수 있을 거라 생각합니다.

간식을 만들어 주면서 친밀도를 쌓을 수 있고 그 안에서 느끼는 자신의 반려견과의 교감은 이루 말할 수 없는 행복을 느끼게 합니다.
오로지 나의 반려견을 위해 직접 만든 정성 가득 담긴 수제 간식은 먹는 강아지에게도 큰 행복입니다.

강아지는 주인이 주는 음식만을 먹어야 하며 음식을 선택할 수 있는 권한
이 없습니다. 그렇기 때문에 더 많이 신경 쓰고 챙겨 주어야 합니다.
나의 강아지가 어떤 음식을 먹고 어떤 환경에서 살고 있는지 나의 반려견
의 삶과 질은 결국 견주에게 달렸습니다. 우리는 자신의 반려견의 삶과 질
에 책임감을 가질 필요가 있습니다

수제 간식을 만드는 것은 단순히 간식을 만들어 먹이는 것이 아닌 자신의
반려견에게 해줄 수 있는 최고의 선물이자 사랑입니다.

육 류

닭고기

지방이 적은 닭 가슴살이나 닭 안심 부위를 사용하는 것이 좋다.
닭고기는 필수 아미노산이 풍부한 고단백 저지방 식품으로 비타민이 많이 함유 되어
있으며 담백한 맛으로 다양한 조리법으로 활용하기 좋아 강아지 간식 재료로 많이
쓰인다.

오리고기

지방이 적은 안심 부위를 사용하는 것이 좋다.
풍부한 아미노산과 불포화지방산, 비타민이 풍부하여 기력 강화, 피부, 털, 발톱 건강에
좋으며 콜레스테롤을 낮추어 혈관 질환을 예방하고 혈관 강화에 효과가 있다.

소고기

필수 아미노산을 함유하고 있으며 단백질과 철분이 많아 성장 발육이 중요한 성장기
강아지나 체력 강화가 필요한 회복기 강아지에게 좋은 육류이다.
지방이 거의 없는 홍두깨, 사태 부위를 사용하는 것이 좋다.

돼지고기

비타민 A, E, B가 함유하고 있는 고단백 육류이다.
피로 회복과 빈혈, 성장 발육, 체력 회복에 효과적이다. 여름 타는 것을 예방하여
더위를 잘 타는 강아지에게 좋은 식재료이다.
지방이 비교적 적은 사태, 뒷다리살, 안심 부위를 사용하는 것이 좋다.

양고기

철, 비타민, 필수 아미노산, 단백질이 풍부한 식품이다.
몸을 따뜻하게 하는 효과가 있으며 비장과 위를 튼튼히 하며 원기 충전, 콜레스테롤
감소, 장내 해독 및 살균, 이뇨, 체지방 연소, 설사 완화에 좋다.

토끼고기

단백질이 풍부한 저지방 저 콜레스테롤의 고단백 영양식품이다.

근육섬유가 가늘고 성기며 수분이 많아 육질이 연하고 닭고기와 비슷한 맛이지만 영양 가치는 더 높다.

체력 강화, 성장 발육, 보양식으로 좋으며 소화 흡수가 좋아 수술 후 회복견에게 좋다.

메추리

단백질, 지방, 칼슘, 비타민을 함유하고 있으며 오장육부를 튼튼하게 하고 뼈와 근육을 강하게 하는 기력 강화 식품이다.

산후 회복, 빈혈, 설사, 소화 불량에 효과가 있다.

육류의 다양한 부위

달걀

우수한 단백질이 들어있는 완전한 영양식품이다.

양질의 단백질을 함유하고 있어 회복기 강아지에게 좋은 식품이다.

체력 강화, 자양 강장, 노화 예방, 피모 건강에 도움을 준다.

흰자위는 반드시 가열 조리해야 한다.

소 간

다른 부위에 비해 열량이 낮고 철분과 비타민이 풍부하게 들어있다.

간 세포를 보호하고 간 건강, 눈 건강, 빈혈, 자양 강장의 효과가 있으며 강아지 눈물자국 개선에 효과가 있다.

쉽게 상하기 쉬우므로 신선한 것을 고르도록 한다.

오리 목뼈

연골로 되어 있어 단단하지 않고 부드럽게 부서지는 것이 특징이다. 칼슘이 풍부하여 뼈를 튼튼하게 하고 체내에 쌓인 독소를 배출시키는 레시틴이 함유되어 있다.

육류의 다양한 부위

송아지 목뼈

송아지 고기는 단백질과 필수 아미노산, 각종 비타민이 함유되어 있으며 뼈를
튼튼하게 하고 부종, 설사완화에 도움을 준다.
적은 지방과 많은 양의 수분을 가지고 있어 소화 흡수가 쉽다.

닭발

콜라겐이 다량 함유되어 피모 건강, 노화 방지, 효과가 있으며 DHA, EPA등의
성분은 성장 발육을 돕고 무릎 관절에 좋다.

양립

저지방 고단백, 고칼슘 식품으로 정력과 기력 회복에 좋으며 독성 해소와 장내 살균
효과가 있다.

돼지 귀

연골로 되어 있으며 다른 뼈 부위에 비해 연골이 연해서 먹기에 좋다.
콜라겐과 칼슘이 풍부하며 뼈 건강과, 피부 미용에 도움을 준다.
기름과 불순물이 많아 깨끗이 손질해야 한다.

닭 근위

저지방 식품으로 다이어트에 좋으며 콜라겐과 단백질이 풍부하여 피모 건강, 노화
방지에 좋다.

소 떡심

소 등심 부위에 있는 근육과 뼈를 붙여 주는 결합조직으로 길게 연결된 인대이다. 콜라겐과 단백질, 섬유질이 풍부하며 다량의 젤라틴 성분이 들어있어 관절 건강에 좋다.

돼지 껍데기

콜라겐이 많이 함유된 고단백 저지방 식품으로 피부 미용, 성장 발육에 좋다.

어 류

연어

오메가3, EPA, DHA가 풍부하게 함유되어 동맥경화, 혈전을 예방하며 뇌의 활동을 돕는다. 강력한 항산화 작용과 콜레스테롤을 제거하는 효과가 있어 암 예방에 좋으며 단백질과 비타민이 풍부하며 피모 건강, 노화 예방에 효과가 있다

장어

비타민A가 풍부하게 함유되어 시력 저하 예방, 눈 건강에 좋다. 그밖에도 DHA, EPA, 레시틴, 단백질과 불포화지방산이 풍부하게 함유되어 원기 회복, 두뇌 발달, 피모 강, 콜레스테롤 저하에 효과가 있다. 여름을 타는 데에도 효과적이라서 여름철 좋은 보양 간식 재료이다. 기름이 많고 자극이 강한 식품으로 급여량 조절이 필요하다.

황태

필수 아미노산이 풍부한 저지방 고단백 식품으로 콜레스테롤이 낮고 신진대사를 활성화시켜 기력 회복에 좋다.
염분을 제거하고 사용해야 한다.

맞춤 간식 100선에 사용된 재료

어 류

멸치

지방과 열량이 적고 칼슘, 각종 무기질, 오메가3 지방산과 항산화 효과에 좋은
타우린을 다량으로 함유하고 있다.
골다공증 예방, 성장 발육 촉진 및 뼈를 튼튼하게 하는 효과가 있다.
염분을 제거하고 사용해야 한다.

디포리

디포리는 밴댕이를 말하는 것으로 칼슘과 철분, 불포화지방산이 들어 있어
골다공증 예방과 피부 미용, 체력 증진 효과가 있다.

참치

참치라고 불리는 참다랑어는 EPA, DHA를 함유하며 혈관속 콜레스테롤을 줄여
주며 고혈압, 동맥경화, 피부 미용, 관절 건강에 효과가 있다.
통조림 참치를 사용할 때는 끓는 물에 데친 후 사용해야 한다.

대구

소화가 잘되며 지방이 매우 적은 고단백 저칼로리이다.
혈액순환을 좋게 하고 몸을 따뜻하게 하여 감기 예방 효과가 있다.
흰살 생선으로 비타민 A와 D.E를 함유하고 있으며 뼈를 튼튼하게 하고 충치를 예방
하는 데 도움을 준다. 겨울이 제철인 식품으로 겨울철 간식 메뉴로 좋다.

미꾸라지

영양소가 풍부한 고단백 정력식품으로 비타민과 칼슘, 단백질을 함유하고 있어
원기를 보충하여 기력 강화에 도움을 준다.
시력 보호, 뼈 형성, 피부 미용, 노화 방지, 설사 완화 효과가 있다.
단 미꾸라지는 지방이 많은 식품으로 과잉 섭취하지 않도록 해야 한다.

상어

고단백 저지방 식품으로 상어 살코기에는 오메가3 지방산, DHA, 콜라겐 등이
풍부하다. 시력, 피부 질환 개선, 항산화 작용에 도움을 준다.

채 소 & 과 일

고구마

수분과 식이섬유가 풍부하여 변비와 다이어트에 효과적인 뿌리채소이다.
단맛이 강해 강아지들이 좋아하며 강아지 간식 재료로 많이 쓰인다.

단호박

비타민과 미네랄, 섬유질이 함유되어 있다. 특히 베로카로틴이 풍부하게 들어있어
눈 건강, 눈의 피로, 감기에 효과적이며 피모와 노화 방지에 좋다.
달콤한 맛이 좋아 고구마와 같이 강아지 간식에 많이 쓰이는 재료이다.

당근

녹황색 채소로 베타카로틴이 풍부하게 들어있어 면역력을 높이고 항산화작용,
암 예방, 피부 미용, 노화 방지, 눈 건강을 유지하는 효과가 있다.
생 당근은 소화하기 어려우므로 가열해야 한다.

파프리카

칼로리가 낮고 비타민A, C가 많이 함유되어 있다.
비타민이 풍부해 피모에 좋으며 단맛을 지닌 채소로 비교적 강아지들이 잘 먹는
채소이다.

채 소 & 과 일

브로콜리

비타민C와 비타민A, 미네랄이 풍부해 피부 미용에 효과적이다.
그밖에도, 면역력 강화, 동맥경화 예방, 암 예방, 감기 예방에 좋다.

시금치

비타민과 미네랄, 철분이 풍부한 녹황색 채소로 피부와 점막, 눈 건강, 성장 발육,
빈혈에 좋으며 뼈와 이를 튼튼하게 한다.

늙은 호박

카로틴과 비타민C, 칼륨, 레시틴이 풍부하게 들어 있으며 이뇨 작용과 노폐물 배출,
해독 작용이 뛰어난다.
그밖에도 노화 방지, 피부 미용, 면역력 향상, 항암 효과를 볼 수 있다.

양배추

비타민, 미네랄, 식이섬유가 풍부한 채소이다.
특히 비타민C가 많아 피모에 좋으며 혈관을 튼튼하게 한다.
그밖에도 기관지염, 암 예방, 변비 해소의 효과가 있으며 위장, 간 기능 강화에
도움을 준다.

아스파라거스

비타민과 칼슘, 인, 칼륨 무기질이 함유되어 혈관 강화, 노화 방지, 고혈압 예방과
개선에 도움이 되며 식물섬유가 풍부해 다이어트 식품으로 좋다.

배추

비타민C가 풍부하게 들어 있어 배추의 제철인 겨울에 비타민C를 보급하기에
좋은 식재료이다.
몸을 따뜻하게 하는 효과가 있으며 식이섬유소가 많아 장의 운동을
촉진시킴으로써 정장작용에 효과가 있다.

연근

몸을 따뜻하게 하는 뿌리채소이다.
비타민C와 철분이 많아 빈혈 예방, 혈액 생성에 도움을 주며 지혈 효과가 있다.
식이섬유가 풍부하여 다이어트, 소화불량에도 좋다.

우엉

이눌린이 함유되어 신장 기능을 향상 시키고 이뇨작용, 체내에 쌓인 노폐물에
의해 일어나는 질병과 증상에 효과가 있다.
식물섬유가 풍부하게 들어 있어 배변을 촉진, 다이어트에 효과적인 식재료이다.

마른표고버섯

비타민, 미네랄, 식이섬유가 풍부하다.
특히 비타민D가 풍부해 장 건강, 골다공증 예방, 뼈 건강에 좋으며 면역력 향상,
빈혈 예방, 혈액순환 촉진, 염증 치료에 도움을 준다.

생강

몸을 따뜻하게 하고 혈액순환을 촉진하는 효과가 있다.
기침, 발한, 해열, 보온, 진통작용으로 겨울철 감기 예방에 좋으며 면역력 증진,
위액 분비 촉진, 소화력 증진의 효과를 볼 수 있다.

채소 & 과일

사과

비타민과 효소, 유기산, 미네랄이 균형 있게 함유되어 있다.
식물섬유인 펙틴이 위장의 활동을 원활하게 하고 유해물질을 제거, 혈중 콜레스테롤
수치를 낮추는 작용을 한다.

바나나

탄수화물과 식물섬유가 풍부해 소화가 잘되는 과일이다.
비타민C, 칼슘, 칼륨, 카로틴이 풍부해 혈중 백혈구를 증가시키고 면역력 강화에 좋다.
단맛이 강해 강아지들이 좋아하는 과일이다.

딸기

비타민C가 다량 함유되어 피부 미용, 감기 예방에 좋으며 철분이 많아 빈혈에 좋다.
식물섬유인 펙틴이 들어있어 콜레스테롤 수치를 낮추는 효과가 있다.

배

풍부한 수분과 섬유소가 들어 있어 변비에 효과적이며 소화를 촉진시키는 효소가
있는 저칼로리의 과일이다.
신진대사 촉진, 항산화 효과, 면역력 증진, 피로 회복, 식욕 증진의 효과가 있다.

블루베리

블루베리는 안토시아닌이 풍부해 눈 건강에 좋으며 항산화효과가 뛰어나 암,
심장질환, 노화 예방에 좋다.

콩　류

두부

콩을 갈아 만든 식품으로 식물성 단백질이 풍부하다.
소화 흡수율이 높아 콩의 영양을 완전하게 흡수할 수 있다.
고기 대신 단백질을 섭취할 수 있는 식품이다.
시중에 판매 되는 두부는 간수가 되어 있어 끓는 물에 데친 후 사용해야 한다.

병아리 콩

저칼로리 식품으로 일반 콩에 비해 단백질, 칼슘, 베타카로틴, 식이섬유가 풍부하다.
설사, 소화불량, 콜레스테롤 저하 기능이 있으며 칼슘 함량이 높고 비타민C, D가
풍부하다.
밤 맛이 나며 포만감을 느낄 수 있어 다이어트식품으로도 좋다.

렌틸 콩

식이섬유, 칼륨, 엽산, 철분, 비타민B 등 다양한 영양소가 함유돼 고단백 저칼로리
식품이다. 콜레스테롤 수치를 낮추고 항산화 기능, 면역력 증강, 노화 방지 등의
효과가 있다.

검은 콩

블랙푸드의 대표 건강식품으로 안토시아닌 색소를 많이 함유하고 있어 시력 회복,
항암 작용, 노화 방지에 좋으며 혈액 순환을 활발하게 돕는다.

팥

다른 두류에 비해 지방이 적은 편이며 비타민, 미네랄, 식물섬유,안토시아닌을
함유하고 있다. 체내의 수분을 조절하여 이뇨작용, 콜레스테롤 저하, 신장병,
심장병, 변비 해소, 부종, 지방을 감소하는 효과가 있다.
사포닌은 껍질 부분에 있으므로 껍질째 먹는 것이 좋다.

유 제 품

강아지 우유

우유는 단백질과 칼슘, 비타민, 미네랄, 철분 등이 풍부하게 들어 있으며 체내 흡수율이 좋다. 그러나 우유에 들어 있는 유당을 소화하기 어려운 강아지가 많으므로 설사와 복통을 일으킬 수 있는 락토오스 성분이 들어 있지 않은 강아지 전용 우유나 소화 흡수가 빠른 산양유를 사용해야 한다.

무가당 우유

무가당 두유는 당을 넣지 않은 두유를 말한다. 콩을 갈아 만든 식품으로 단백질뿐만 아닌 성장에 도움주는 리신, 트립토판과 불포화지방산을 함유하고 있어 동맥경화에 좋으며 성장 발육, 피부 건강, 노화 예방 효과를 볼 수 있다.
시판되는 제품을 활용하거나 불린 콩을 갈아 만들어 사용한다.

플레인 요거트

우유에 유산균을 넣고 만든 발효식품으로 당이 첨가 되지 않은 플레인 요거트를 사용한다. 장 건강과 소화 기능을 도우며 항암, 피부 미용, 면역력을 향상시키는 효능이 있다.

코티지 치즈

우유를 응고시켜 만든 식품으로 단백질과 칼슘이 풍부하게 들어 있으며 체내의 칼슘 흡수율이 높아 성장기, 노령견에게 좋다. 치즈는 우유보다 소화 흡수가 좋은 식품으로 강아지 간식 재료로 다양하게 활용 할 수 있다. 락토프리 강아지 전용 우유에 식초를 첨가하여 강아지 코티지 치즈를 만들어 사용해야 한다.

곡 물

쌀가루

칼로리가 낮으며 소화가 잘되는 곡물이다. 쌀은 단백질이 글루텐을 형성하지 않기 때문에 밀 단백질 알레르기 강아지에게 사용할 수 있는 재료로 강아지 베이킹 간식에서 밀가루 대체 식품으로 많이 사용된다.

현미가루

식이섬유가 풍부하여 다이어트, 변비 예방에, 유해물질 배출에 좋으며 리놀렌산 성분이 함유되어 동맥경화, 노화 방지에 좋다.

흑미가루

흑미는 비타민E, 칼슘, 아미노산이 함유 되어 있으며 특히 안토시아닌이 풍부하여 강력한 항산화 작용을 하기 때문에 세포가 노화되는 것을 막아주고 젊음을 유지하는데 도움을 준다. 또한 단백질이 풍부해 모질에 좋다.

오트밀

다른 곡류에 비해 단백질, 비타민이 많고 식이섬유가 풍부하여 소화가 잘되고 다이어트에 좋다.
나트륨에 대한 길항작용을 갖는 칼륨 함량이 많아 고혈압, 동맥경화, 심장병, 신장에 부담을 주는 것을 예방하는 효과가 있다.

치아씨드

오메가3, 철분, 칼슘, 마그네슘, 식이섬유 등의 영양소가 풍부하며 적은 양을 섭취해도 포만감을 느껴 다이어트 식품으로 적합하다.

곡 물

퀴노아

좁쌀 크기의 고단백 식품으로 단백질과 칼슘 함량이 높다.
다른 곡류와 달리 나트륨이 거의 없고 글루텐이 없어 알레르기 반응을 유발하지 않는다.

검은깨

비타민B, 리놀산, 불포화지방산이 다량 함유되어 콜레스테롤 수치를 낮추며 오장을
튼튼하게 한다. 또한 항산화 작용을 하는 감마토코페롤과 케라이 함유되어 털의
윤기, 탈모, 노화 방지, 피부 건강에 좋으며 필수 아미노산과 각종 영양소가
풍부하게 들어있다.

들깨가루

오메가3가 풍부하며 혈관에 쌓인 콜레스테롤을 제거, 예방하는 효과가 있다.
피부 미용, 노화 방지에도 좋다.

콩가루

콩가루는 사포닌과 레시틴, 비타민E가 함유되어 콜레스테롤을 억제, 혈액을
정화 시켜주며 피부의 물질 대사를 원활히 하여 건강한 피부와 노화를
지연시키는 효과가 있다.

기타 분말

캐롭 파우더

캐롭 파우더는 콩과류에 속하는 열매를 구워 말린 가루로 초콜릿과 비슷한 향과 맛을
가지고 있지만 카페인이 없어서 초콜릿을 대신하는 강아지 간식의 재료로 사용할 수 있다.
초콜릿 향이 나며 칼슘이 풍부한 저지방 식품으로 세균 증식을 억제, 설사를 멈추게 하는
효과가 있다. 자연 당분으로 달달한 맛이 나서 강아지들이 좋아한다.

코코넛 가루

코코넛의 하얀 속살을 말려서 가공한 분말가루로 산화 방지 성분인 비타민E가
함유되어 피부 노화를 예방하고 피부염, 모질에 좋다.
코코넛의 고유의 풍미가 있어 강아지 베이킹 간식이나 토핑으로 많이 사용한다.

아마씨

단백질, 식이섬유, 오메가3, 비타민, 미네랄 등 영양소가 풍부하며
피부 질환, 피모 건강, 탈모 개선, 항암 예방, 두뇌 발달, 심장 질환, 변비 예방 등의
효과가 있다.

향 신 료

바질

바질은 베타카로틴 성분이 함유되어 면역력을 높여주며 항산화 효과가 있는 향신료이다.
소화를 촉진, 소화 불량 해소와 비만, 노화 방지, 이뇨 작용에 효과가 있다.
향기가 강하기 때문에 소량만 사용하는 것이 좋다.

파슬리

엽록소가 풍성하여 혈중 콜레스테롤 수치를 낮추고 칼슘, 철분, 베타카로틴과
비타민C가 풍부하여 노화 방지, 암 예방에 좋다.

맞춤 간식 100선에 사용된 재료

유지류

올리브 오일

몸을 움직이는 중요한 에너지원으로 필요한 식물성 지방이다.
불포화지방산이 많아 피부 미용, 조직을 건강하게 유지시켜 주며
열에 강해 가열하는 조리법에 사용해도 영양분이 파괴되지 않는다.
식용유보다 올리브 오일, 카놀라유, 포도씨유를 사용하는 것이 좋다.

코코넛 오일

코코넛 과육에서 얻은 오일은 섬유소, 비타민, 미네랄이 풍부하다. 피부 미용,
심장병, 고혈압, 동맥경화, 당뇨 등 심혈관계 질환을 예방하며 항균 능력이 있어
염증을 감소 시키는 효능이 있다.
화학적 정제를 하지 않은 엑스트라 버진 코코넛 오일을 사용해야 한다.

천연 꿀

단맛을 낼 때 설탕 대신 사용할 수 있는 천연 감미료이다.
과당과 포도당 외에 단백질, 비타민, 미네랄이 함유되어 있다.
벌꿀은 해열, 진정, 정장 효과가 있으며 장의 면역 세포를 활성화 시키고 암을 예방한다.

연어 오일

오메가3 지방산, EPA, DHA가 함유되어 건강한 피부와 피모, 관절, 심장 질환 방지,
항암 작용, 두뇌 성장과 면역계 활성에 좋은 효능이 있다.

해 조 류

미역

식이섬유가 풍부해 변비를 예방, 장 속에 노폐물을 제거한다. 칼슘, 철분이 풍부해 뼈를 튼튼하게 하고 성장 발육, 골다공증에 좋으며 출산한 강아지의 혈액 생성을 돕고 혈액순환을 원활이 한다. 미역은 점성이 있어 강아지 식도에 붙을 수 있어 믹서에 갈아서 사용해야 한다.

가쓰오부시

가다랑어를 말려 가공한 것으로 고단백, 저지방, 필수아미노산, 비타민 등 각종 영양이 풍부하다.
간식 위에 토핑으로 올려 소량만 급여하도록 한다.

한천가루

한천은 우뭇가사리로 만든 식품으로 식이섬유가 풍부하며 장내 박테리아 증식을 돕는 기능이 있어 변비 해소, 장 건강에 도움을 준다. 그밖에도 혈당 상승을 막아 콜레스테롤을 감소시키며 칼로리가 적어 다이어트 식품에 많이 활용된다.

강아지 간식에 사용해서는 안 되는 재료

■ 오징어, 문어 등 연체동물과 날생선과 갑각류, 날달걀의 흰자

■ 파, 마늘, 양파, 부추 등 파과의 채소류

■ 포도, 고추, 설탕, 소금, 고춧가루 등 자극이 강한 향신료 및 조미료

■ 초콜릿, 지방과 당분이 많은 과자, 빵류, 자일리톨이 들어간 껌

■ 알코올, 우유, 커피, 홍차, 녹차, 탄산음료 등

강아지 수제 간식 만들 때 활용하기 좋은 도구

요리도구

■ 식품건조기

■ 오븐

■ 찜기

■ 전자레인지

강아지 간식을 만들 때 주로 사용하는 기구로는 식품건조기, 오븐, 전자레인지, 찜기입니다.

육식을 좋아하는 강아지의 식성에 맞는 뼈, 육포 간식을 만들 때 식품건조기는 활용하기 좋은 기구입니다. 건조기를 이용해 식재를 건조시키면 수분이 제거되면서 오래 보관할 수 있고 온도와 시간에 따른 식감의 정도를 조절할 수 있습니다.

자연 건조시 시간이 오래 걸리고 건조 과정중 오염, 부패가 될 수 있기 때문에 위생적인 식품건조기를 사용하는 것이 좋습니다. 또한 건조기를 이용하여 만들 수 있는 간식의 종류가 많기 때문에 식품건조기를 구비해 두면 다양한 강아지 간식을 만들 수 있습니다.

강아지는 지방을 과다 섭취하면 위험하기 때문에 기름 을 제한해서 조리하여야 합니다.

튀겨야 하는 조리법이나 식재 자체에 기름이 많은 음식은 오븐에서 조리하면 열량과 지방을 낮추고 담백하게 만들 수 있습니다.

오븐이 없다면 찜기를 이용할 수 있습니다. 오븐 대신 찜기에 쪄내면 칼로리를 낮추고 부드러운 식감을 얻을 수 있어요. 전자레인지는 간단한 조리에 활용하기 좋습니다.

TIP 식품건조기 사용시 기름이 많거나 핏물이 나오는 재료는 건조기 트레이 밑으로 떨어져 지저분해지고 칸칸이 쌓아 올린 아래 칸 식품 위로 기름이 떨어지기도 합니다. 트레이 위에 종이 호일을 깔고 사용하면 깔끔하고 위생적으로 건조할 수 있어요.

! 강아지 수제간식 만들 때 주의할 점

나의 반려견에게 수제 간식을 만들어 먹이기로 결심했다면 몇 가지 주의 사항을 꼭 참고해주세요.

나의 반려견 파악하기

나의 반려견을 위한 수제 간식을 만들 때는 반려견의 특성을 고려해야 합니다.

키우는 반려견의 몸 상태와 크기, 나이를 고려해 재료를 선택하고 간식의 크기와 식감을 조절합니다. 보통 6개월 이하의 강아지는 소화기가 약하기 때문에 소화가 잘되는 재료를 선택하고 부드러운 식감으로 만들어 주는 것이 좋고, 활동량이 많은 강아지는 단백질과 영양이 풍부한 재료를 선택하는 것이 좋습니다.

이갈이 중인 강아지, 수술후 회복중인 강아지, 변비로 고생중인 강아지 등 몸 상태에 따라 적합한 식재료를 사용해서 간식을 만드는 것이 좋습니다.

간식의 크기는 견종과 몸집 크기에 맞춰 만들어야 합니다.
작은 소형견이라면 딱딱하고 큰 간식은 피하고 작고 말랑한 식감 정도로 만들어 주는 것이 좋고 대형견에게는 작은 간식은 씹지 않고 삼켜 버리는 위험이 있으므로 크고 질기거나 딱딱한 식감으로 만들어 주는 것이 좋습니다.

간식의 크기와 식감, 재료, 메뉴의 선택은 나의 반려견의 특성을 생각하며 만들어야 합니다.

식재료
준비하기

건강한 간식을 만들기 위해서는 먼저 신선한 재료를 골라야 합니다.
가능한 청정 지역에서 자란 육류를 선택하는 것이 좋고, 지방이 적은 부위를
선택하는 것이 좋습니다.

신선한 육류를 고르고 부패되지 않도록 보관에 유의하세요.
채소는 가능한 무농약, 유기농을 선택하고 싱싱한 것을 고릅니다.
색깔이 진한 채소들은 선명한 색일수록 영양 성분이 많습니다.

조리 전에 깨끗이 씻어 독기를 빼고 채소기 짓무르지는 않았는지 누렇고
시들하지는 않은지 확인합니다.

소시지, 훈제 연어, 각종 통조림 등 가공 식품에는 염분이나 각종 첨가물,
방부제가 함유되어 있어 가능한 가공식품은 사용을 자제하는 것이 좋습니다.

수제 간식의 본래의 목적이 건강한 간식을 만들어 급여하는 것이므로 되도
록 가공 식품은 피하고 신선한 재료를 사용하고 상한 식재료는 강아지에게
절대 사용하지 않습니다.

강아지가 섭취하면 신체에 치명적일 수 있는 식재료는 미리 알아두는 것이
중요합니다.(사용해서는 안되는 식재료는 30, 31P 를 참고하세요.)

강아지 수제간식 만들 때
주의할 점

재료 손질하기

강아지 간식은 사람이 먹는 것과 크게 다르지 않습니다.
다만 사람이 먹는 다양한 식재료보다는 한정된 재료의 사용과 간을 하지 않
고 지방 섭취를 줄이도록 조리하는 방식의 차이가 있습니다.

멸치나 황태, 두부는 칼슘, 단백질 등이 풍부해서 강아지 간식에 많이 쓰이는
재료입니다. 하지만 염분이 많이 함유되어 있는 재료는 반드시 염분 제거를
해 주어야 합니다.

가열하지 않고 날것으로 건조해 만드는 육류는 각종 세균과 기생충 감염의
위험이 있으므로 식촛물에 소독을 꼭 해주어야 합니다.

소화하기 힘든 채소는 잘게 썰어 준비하는 것이 좋으며 독성이 있는 채소는
데쳐서 사용하도록 하며 익히지 않은 채소는 사용하지 않습니다.

알레르기 반응 체크하기

모든 자연 식재료에는 알레르기 반응을 일으키는 요소가 있습니다. 나의 반려견이 어떤 식재료에서 알레르기 반응을 일으키는지 확인하는 것이 중요합니다.

알레르기 반응은 설사나 구토 가려움증, 반점, 피부 상태 등으로 나타납니다.

일반적으로 알레르기를 많이 유발하는 식품은 유제품, 닭고기, 계란, 옥수수, 밀, 콩 등이 있습니다.

채소보다는 고기 위주의 간식으로 만들어 주고 알레르기 반응이 거의 없는 오리고기나 고구마 등을 사용한 재료를 이용한 간식을 먼저 만들어 주는 것이 좋습니다.

특히 사료만 섭취한 강아지라면 처음부터 많은 재료가 들어간 간식보다 알레르기 반응을 보면서 재료를 늘려 나가는 것이 좋습니다.

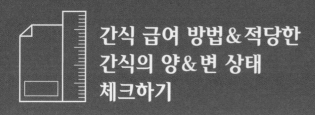

간식 급여하는 방법

키우는 반려견의 크기에 따라 먹기 좋은 크기로 잘라서 주어야 합니다. 강아지는 많이 씹지 않고 삼키는 습성이 있어 소화가 잘 되도록 잘게 잘라주는 것이 좋습니다.

가열해서 조리한 간식은 식혀서 급여해야 합니다. 급하게 먹는 강아지는 자칫 입을 데일 수 있기 때문에 충분히 식힌 후 급여하도록 합니다. 하지만 완전히 차가울 정도로 식힐 필요는 없고 살짝 따뜻한 정도로 급여하는 것이 좋습니다.

많은 양의 간식을 한 번에 주는 것보다 여러 번 나누어 주는 것이 좋고 훈련 후 칭찬을 하며 보상의 개념으로 주는 것도 좋은 급여 방법입니다.

적당한 간식의 양

간식은 끼니와 끼니 사이에 먹는 음식입니다. 간식은 식사가 될 수 없으므로 적당한 양으로 급여해야 합니다.

간식은 하루에 몇 번, 얼마나 먹여야 할까요? 주는 대로 덥석 먹어치우니 간식의 양이 부족한 듯싶고 더 달라고 조르듯 꼬리를 치니 자꾸 주게 되는 것이 주인의 마음이지요.

하지만 너무 많은 양의 간식을 급여하면 제대로 된 식사를 하지 않고 간식만 찾게 되는 경우가 많습니다. 주인의 입장에서는 사료를 잘 먹지 않는 강아지에게 배고플까 걱정이 되어 간식이라도 더 챙겨주게 되고 간식이 주식처럼 되어 버리는 경우가 있습니다.

간식은 가끔 한 번씩 특식으로 한 끼 정도 식사를 대신해 줄 수 있지만 매번 간식으로 대체한다면 심각한 영양불균형을 초래할 수 있습니다.

간식은 강아지가 섭취해야하는 단백질, 지방, 탄수화물, 비타민, 미네랄의 5대 영양소가 고루 갖추어져 있지 않습니다. 한두 가지의 영양소로 치우쳐져 있는 경우가 많기 때문에 간식은 어디까지나 식사외에 줄 수 있는 요기 정도로 인식해야 합니다.

강아지의 견종, 크기, 나이, 생활 환경 등에 따라 간식의 양이 다릅니다.
간식의 양은 강아지 평소 식사량의 20% 정도로 하루 간식 제공량으로 설정하는 것이 좋습니다.
그러나 간식의 종류나 조리법에 따라 칼로리가 다르기 때문에 20%의 양은 달라질 수 있습니다.
과한 양의 간식을 주고 있는 것은 아닌지 평소 반려견의 체중과 바디를 체크하도록 합니다.

간식 급여후 변 상태 체크하기

강아지의 변은 육안으로 건강상태를 체크할 수 있는 방법입니다.
특히 간식을 처음 먹는 경우라면 평소 변의 상태를 기준으로 판단해야 합니다. 특정한 식재료에 대한 반응인지, 양이 과한 것은 아닌지, 알레르기에 의한 반응이나 환경에 따른 요인인지를 판단하여야 합니다.
적당히 단단하며 노란빛부터 갈색 빛을 띠고 있는 변은 정상적인 변으로 보고 있습니다.

간식에 사용된 재료에 따라 변의 상태가 조금씩 달라질 수 있습니다.
뼈 간식을 먹으면 변이 약간 딱딱해질 수 있으며 변 색상이 짙어질 수 있고 채소를 섭취하면 평소보다 노란 빛깔을 띠고 약간 묽어질 수 있습니다.
또한 변에 간식이 그대로 나오거나 변 냄새가 심해지는 등의 경우는 소화가 제대로 되지 않은 경우입니다.

소화가 잘되도록 재료를 잘게 다지거나 갈아서 조리하도록 합니다.
물 같은 설사가 계속 되거나 색이 짙고 딱딱한 변, 점액질이 묻어 나오는 경우, 심한 악취가 나는 경우는 간식을 중단하고 적절한 조치 및 검진을 받아야 합니다.

강아지 수제 간식 만들기
궁금한 점 Q&A

수제 간식 만들기 레시피를 블로그에 공유하면서 가장 많이 받은 공통된 질문들을 모아 답했어요. 평소에 간식을 만들면서 궁금했던 부분에 도움이 될 거예요.

Q 1

송목이나 오리 목뼈 등 특수한 부위의 고기는 어디서 구입하나요?

A 1 요즘에는 강아지 수제 간식이나 자연식에 관심이 많아지면서 강아지 간식 재료를 판매하는 사이트들이 많아졌습니다. 일반 육류의 경우는 주변 정육점이나 대형마트에서 신선한 생고기를 구입할 수 있지만 특수한 부위는 시중에서 구하기 어렵기 때문에 온라인 사이트를 통해 구매하는 것이 편해요. 시중에 구하기 힘든 메추리, 토끼고기, 송아지 목뼈 등 여러 종류의 부위를 판매하고 있어 다양한 간식을 만들어 줄 수 있답니다.

Q 2

강아지는 뼈를 먹으면 위험하지 않나요?

A 2 뼈는 익히면 잘랐을 때 날카롭게 잘려요. 뾰족하게 잘린 부분이 식도에 찔려 위험할 수 있기 때문에 익히지 않고 기생충 감염 예방을 위해 식촛물 소독 후 건조하여 만들어야 해요. 건조한 뼛조각은 날카롭지 않게 부서져요.
각종 뼈에는 영양분이 풍부하고 물고 뜯는 욕구를 해소 시킬 수 있어 강아지들이 좋아하는 간식 재료예요. 하지만 급히 먹거나 뼈를 잘 안 씹고 삼키게 되면 목에 걸릴 위험이 있으니 항상 옆에서 끝까지 지켜봐 주세요.
다 먹고 남은 조각 뼈는 바로 치워야 합니다.

Q 3

핏물은 얼마나 빼야 하나요?

A 3 잡내와 누린내를 제거하고 부패를 방지하기 위해서 핏물을 빼는 과정을 합니다. 하지만 너무 오랫동안 핏물을 제거하면 영양소가 손실되기 때문에 30분 정도로 찬물에 담가 핏물을 제거하도록 합니다.
더운 여름철에는 찬물을 수시로 갈아 주어야 합니다.

Q 3

식촛물 소독은 어떻게 하나요?

A 3 각종 세균과 기생충 감염의 위험이 있기 때문에 날 것을 그대로 건조하는 조리법으로 사용되는 재료에는 식촛물 소독은 꼭 해야 하는 과정이예요.
볼에 물을 소독할 재료가 잠기도록 담고 식초를 넣고 10분 정도 소독해 줍니다.
식초의 양은 물 1리터에 식초 50ml입니다.

Q 4

염분은 꼭 제거해야 하나요?

A 4 강아지에게 염분이 무조건 해로운 것은 아닙니다. 세포간의 수분과 혈액량을 조절하거나 산성과 알칼리성의 균형을 유지하는 작용 등 살아가는데 염분도 중요한 성분 중 하나라고 할 수 있습니다. 다만 강아지는 사람보다 염분 배출이 어려운 신체 구조를 가지고 있습니다. 염분이 과다하게 체내에 쌓이면 신장과 심장질환에 위험하기 때문에 염분을 제거하는 과정은 꼭 필요해요.

Q 5

달걀 흰자는 먹으면 안되는 것 아닌가요?

A 5 달걀은 비타민, 미네랄, 필수지방산, 우수한 단백질이 들어 있는 완전한 영양식품입니다. 달걀흰자에는 아비딘이라는 효소가 함유되어 있는데 이 효소가 피부염, 피부질환, 성장불량을 초래해요. 하지만 가열해서 조리한 달걀 흰자는 아비딘이 불활성화 되어 급여하는데 문제가 되지 않는답니다.

Q 6

오븐이나 식품건조기를 이용한 간식을 만들 때 온도와 시간은 어떻게 되나요?

A 6 레시피에는 온도와 시간을 설정하여 표기하였지만 레시피에 나온 표기만 믿으면 원하는 간식을 만들어 내기 어려워요. 오븐의 경우에는 오븐 사양에 따라 열의 세기가 다릅니다. 온도와 시간을 레시피에 표기된 것과 똑같이 해도 다른 결과물이 나올 수 있으니 약간의 오차 범위를 생각해서 만들어야 해요. 중간 중간 오븐 안을 들여다보며 체크해 주는 것이 좋습니다. 식품건조기를 이용할 때는 레시피에 표기한 온도와 시간을 참고한 후 나의 반려견 기호에 따라 딱딱한 식감, 쫄깃한 식감, 바삭한 식감으로 온도와 시간을 조절해서 만들어 보세요.

Q 7

쌀가루가 없는데 밀가루를 쓰면 안 되나요?

A 7 밀가루보다는 쌀가루가 소화가 잘되고 영양분이 더 많아서 강아지 간식재료로 쌀가루를 사용하는 것이 더 좋아요. 쌀가루는 쌀100%를 빻아 만든 분말 형태로 식물성 단백질 글루텐으로 이루어져 있고 밀가루보다 열량이 낮으며 단백질과 아미노산이 풍부하게 함유되어 있어요. 밀가루 알레르기가 있거나 아토피, 소화력이 약한 강아지에게 밀가루 대신 쌀가루를 이용하면 다양한 간식을 만들 수 있습니다.
강아지가 밀에 대한 알레르기가 없다면 밀가루를 사용해도 무방하지만 건강한 간식을 만들기 위해 쌀가루나 현미가루를 사용하는 것을 추천합니다.

Q 8

쌀가루로 만든 케이크가 잘 부풀지 않아요.

A 8 쌀가루로 다양한 강아지 베이킹간식을 만들 수 있어요. 쌀가루로 만든 간식은 촉촉하고 부드러우며 쫄깃한 식감이예요. 쌀가루의 함량을 최소화하여 일반 베이킹 간식처럼 크게 부풀지 않아 오븐 틀에 반죽을 90%정도 가득 채우고 구워 주는 것이 좋아요. 일반 베이킹 간식처럼 크게 부푸는 모양을 원한다면 쌀가루에 글루텐 함량을 많이 첨가한 강력 쌀가루를 이용하세요.

간식 보관 방법

수제 간식은 방부제나 보존할 수 있는 첨가제를 사용하지 않았기 때문에 보관에 신경을 써야 하며 꼭 냉장, 냉동 보관을 해야 합니다.

간식은 사용된 재료나 조리 방법, 온도에 따라 보관 기간이 다르지만 보통 냉장 보관 일 주일, 냉동 보관은 한 달 정도로 보관 기간이 짧은 편이예요.

수분이 많은 간식은 가급적 빠른 시일 안에 급여하는 것이 좋아요.
냉동된 상태의 간식은 해동과 냉동을 반복하게 되면 빨리 산패하게 되고 맛과 질이 떨어지기 때문에 3일 이내에 먹을 분량은 냉장고에 남겨두고 1회 먹을 양을 소분하여 밀폐용기에 나눠 냉동 보관하는 것이 좋습니다.

오랫동안 보관할 경우 가정용 실링기를 이용하여 진공포장을 해두면 완벽한 밀폐를 할 수 있어 비교적 길게 보관할 수 있어요. 실링기가 없는 경우는 시중에서 쉽게 구할 수 있는 지퍼백을 이용하는 것이 좋아요.

스프나 죽은 스탠딩 지퍼백을 이용하면 세워서 보관할 수 있어 편리해요. 다양한 크기와 종류에 따른 지퍼백을 사용하세요.

비닐에 넣을 경우는 전용 집게를 이용해서 입구를 차단하도록 하고 냉장 보관해서 금방 먹을 간식은 밀폐용기에 담아 보관합니다.

냉동 보관한 간식은 상온에서 찬기를 빼거나 전자레인지를 이용해 해동 후 급여해야 합니다.

신선한 재료를 사용해서 먹을 만큼의 양을 자주 만들어 주는 것이 가장 좋습니다.

■ 가정용 실링기를 이용한 진공 포장

■ 지퍼백을 이용한 밀폐 포장

■ 전용 집게를 이용한 밀폐 방법

■ 밀폐 용기를 이용한 보관 방법

간식 보관 방법

선물하기 좋은 수제 간식

정성스럽게 만든 수제간식을 선물해 보세요.

정성껏 만든 간식을 강아지 친구들과 나누는 기쁨이 있답니다.

TIP

냉동 보관할 때는 날짜를 기재하면 제조일을 알 수 있어 보관 기한을 체크하기 좋아요.

직접 만든 수제 간식은 유통기한 표시가 따로 없으므로 직접 꼼꼼히 표기하여 관리하는 습관이 필요해요.

소고기, 돼지고기 등 흔히 찾을 수 있는 육류의 경우는 정육점이나 대형 마트를 통해 구매할 수 있지만 특수한 부위는 시중에서 구하기 어렵기 때문에 온라인 사이트를 통해 구매하는 것이 좋습니다.

강아지 간식 재료를 전문으로 판매하는 인터넷 쇼핑몰에선 육류의 기름 제거, 지저분한 불순물은 손질되어 판매하기도 하여 편리하게 이용할 수 있습니다.

온라인 가공 식품 사이트에서는 글루텐 함량에 따른 다양한 용도의 쌀가루와 곡물가루를 판매하여 원하는 g수에 맞게 구매가 가능합니다.

그밖에도 강아지 간식에 사용할 수 있는 천연 식료품 및 다양한 제품들을 구매할 수 있는 곳을 소개합니다.

강아지밥상 ▶ http://www.강아지밥상.com

오리고기, 닭고기, 소고기, 양고기, 연어, 상어, 돼지고기, 캥거루, 메추리로 카테고리가 나뉘어 다양한 부위를 판매하고 있다. 손질하기 어려운 부위의 육류는 손질된 상태로 판매하고 크기가 큰 뼈는 원하는 사이즈로 커팅하여 준다. 다양한 육류의 뼈 재료를 구입하기 좋은 곳이다.

씨씨디푸드 ▶ http://ccdfood.co.kr

애견 생식 제품을 판매하는 곳으로 HACCP 인증을 받은 곳이다. 돼지고기, 닭고기, 소고기 외에도 양고기, 말고기, 상어고기 등 시중에서 구하기 어려운 육류를 판매하며 대용량으로 구입시 저렴하게 구매할 수 있다.

펫 바프 ▶ http://cafe.naver.com/petbarfcafe

무 항생제 식품을 판매하는 곳으로 시중에서 구하기 힘든 흑염소, 양, 토끼, 꿩고기 등을 다양하게 판매하며, 자연식, 생식용 전문 사이트로 분쇄육을 판매한다. 다양한 종류의 간식 재료를 구매하기 좋은 곳이다.

마니커 몰 ▶ http://manikermall.net

국내산 닭고기 전문 업체로 친환경 축산물을 판매한다.

쌀농부 ▶ http://www.ssalnongbu.com

친환경 우리 농산물과 각종 곡물 가공 식품을 판매한다. 다양한 종류의 곡물 가루를 소량씩 구매할 수 있고 유기농 과일, 채소 등을 판매한다. 중간 유통 과정이 없어 저렴하게 구입할 수 있는 곳이다.

이홈 베이커리 ▶ http://www.ehomebakery.com

다양한 브랜드의 쌀가루를 판매하고 있으며 베이킹에 필요한 도구 및 포장용품을 판매한다. 그밖에도 오트밀, 코코넛 가루, 한천 가루 등 다양한 분말류를 구입 할 수 있다.

아이허브 ▶ http://kr.iherb.com

유기농 천연 식료품을 판매하는 곳이다. 유기농 코코넛 오일과 엑스트라버진 오일 제품을 구입할 수 있으며 바질, 파슬리 등 천연 향신료와 퀴노아, 치아씨드 등 슈퍼푸드로 불리는 곡물들을 판매한다. 시중에서 구하기 힘든 캐롭 파우더, 맥주 효모, 연어 오일 등을 구입할 수 있다.

그밖에도 다양한 육류를 간편하게 구매할 수 있는 곳으로는 거성 펫푸드 http://www.거성펫푸드.com와 신선 펫푸드 http://www.신선펫푸드.com, 마미맘 식재료 마트 http://cafe.naver.com/mamyraw가 있다. 판매 사이트마다 매달 할인되는 품목이 조금씩 다르기 때문에 잘 이용하면 저렴하게 구입이 가능하다. 최근에는 대형마트 애견 코너에서 손질된 강아지 간식용 육류 재료를 판매하고 있다.

나의 반려견에게 필요한
1 변비 탈출 간식

강아지도 사람처럼 변비로 힘들어 할 때가 있답니다.
수분과 섬유질이 부족하거나, 스트레스를 많이 받거나 하는 경우 등
다양한 이유에서 변비가 생겨요.
강아지가 변비에 걸려 힘들어 하는 모습을 보는 건 안타까운 일이예요.
간식을 만들 때 섬유소가 풍부한 고구마나 바나나를 이용해 만들어 주면
소화 촉진은 물론 장 건강을 챙겨줄 수 있답니다.
장운동을 제대로 하지 못하면 식욕이 떨어질 수 있답니다.
맛도 있고 변비 예방도 할 수 있는 다양한 간식 조리법을 소개합니다.

❶ 고구마 바나나 스크럼블 / ❷ 고구마 양갱 / ❸ 사과 · 바나나 요거트 / ❹ 단호박 요거트빵 / ❺ 우엉 퀴노아 연어전

고구마 바나나 스크럼블

영국 디저트중 하나인 스크럼블은 달콤한 과일에 소보로 반죽을 얹어 파이 대신 간단히 먹는 디저트에요.
식이섬유가 풍부한 오트밀과 바나나로 속을 채우고 변비에 좋은 고구마를 소보로 모양으로
보슬보슬하게 얹어 강아지용 디저트로 만들었어요.
부드럽고 달콤한 스크럼블로 맛도 있고 변비 걱정 없는 간식을 만들어 주세요.

재료 준비

바나나 ½개 / 우유 100ml / 오트밀 20g / 고구마 110g

만들기

❶ 바나나 ½개를 볼에 넣고 으깨어 준비한다.

❷ 냄비에 오트밀과 우유를 넣어 센 불에서 끓이다가 끓어 오르면 약한 불로 줄여 끓인다.

❸ 눌러 붙지 않도록 저어가면서 오트밀이 수분이 다 머금도록 졸인다.

❹ 으깬 바나나에 ③을 넣고 섞어준다.

❺ 용기에 반죽을 3/4 채워 담아낸다.

❻ 껍질을 벗기고 쪄서 으깬 고구마를 보슬보슬 뭉쳐서 소보로 상태가 되도록 만든다.

❼ 소보로 상태가 된 고구마를 ⑤위로 수북이 담아 채운다.

쿠킹 TIP

★ 잘 익은 바나나는 섬유소가 풍부하며 단맛도 더 강해요.

★ 우유 안에 들어있는 유당을 소화하기 어려운 강아지가 많아요. 강아지 전용 락토프리 우유나 소화가 잘되는
   산양유를 사용하는 것이 좋아요.

영양정보

＊오트밀은 다른 곡류에 비해 단백질, 비타민B1이 많고 식이섬유가 풍부하여 소화, 변비, 다이어트에 좋습니다.

＊바나나는 저지방 저칼로리 식품으로 다이어트에 좋으며 섬유소가 많아 변비에 좋습니다.
단맛이 강해 강아지들이 좋아하는 과일입니다.
＊고구마는 수분과 식이섬유가 풍부하여 변비와 다이어트, 비만예방에 효과적인 식품입니다.

변비 탈출 간식

고구마 양갱

달콤한 고구마의 풍미 그대로 부드러운 양갱을 만들었어요.
식이섬유가 풍부한 한천을 넣고 만든 양갱은 변비로 고생중일 때 부담 없이 먹이기 좋은 간식이랍니다.
손쉽게 만들 수 있고 하나씩 꺼내주기 좋아요.

재료 준비

고구마 220g / 한천 3g / 꿀 1큰술 / 물 100ml
★ 완성 352g, 양갱 8개

만들기

❶ 고구마는 깨끗이 씻어 껍질을 벗기고 찐다.

❷ 믹서에 찐 고구마와 물을 붓고 곱게 간다.

❸ 냄비에 ②를 붓고 불린 한천을 넣어 섞은 뒤 약한 불에서 천천히 저어가며 한천을 녹인다.

❹ 고구마가 덩어리 없이 매끄럽게 풀어지면 꿀 1큰 술을 넣고 섞는다.

❺ 밑이 눌어붙지 않도록 천천히 저어가며 끓인다.

❻ 틀에 부어 냉장고에서 2시간 이상 굳힌다.

쿠킹 TIP

★ 호박고구마를 사용하면 달고 부드러운 양갱을 만들 수 있답니다.

★ 자색고구마는 적자색의 색다른 느낌의 고구마 양갱을 만들 수도 있어요.

영양정보

* 고구마는 수분과 식이섬유가 풍부하여 변비와 다이어트, 비만
  예방에 효과적인 식품입니다.
  고구마 속에 아마이드라는 성분이 장의 컨디션을 조절하고 비피
  더스균과 유산균의 번식을 돕습니다.

* 한천은 우뭇가사리를 이용해 만든 것으로 식이섬유가 풍부하여
  변비, 다이어트에 좋습니다.

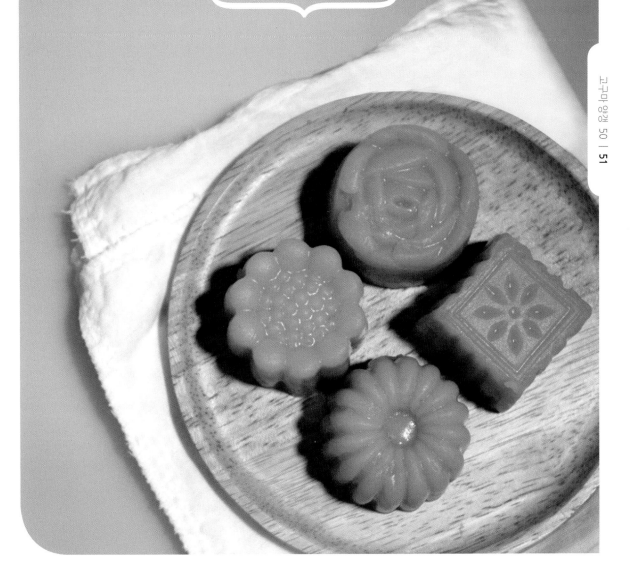

사과&바나나 요거트

식이섬유가 풍부한 바나나를 요거트와 섞어 갈아주면 달콤한 맛이 나서 플레인 요거트를 싫어하는
강아지들도 좋아해요. 간편하게 만들어 챙겨 줄 수 있는 변비 해소 간식이랍니다.
사랑하는 반려견과 함께 먹어도 좋아요! 건강한 장 건강을 위해 만들어 보세요.

재료 준비

바나나 ½개 / 사과 30g / 플레인 요거트 65g

만들기

❶ 볼에 플레인 요거트를 붓는다.

❷ 플레인 요거트에 바나나 ½개를 넣고 핸드 블렌더로 곱게 간다.

❸ 사과는 얇게 채 썰어 토핑용으로 준비해둔다.

❹ ②에 채 썬 사과를 넣고 섞은 후 그릇에 담는다.

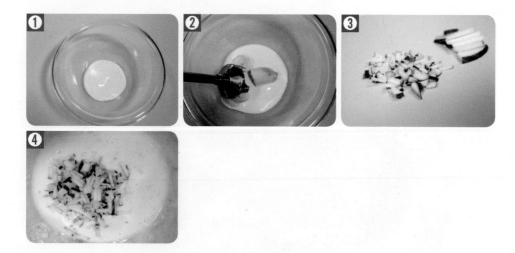

쿠킹 TIP

★ 토핑으로 사과 대신 다양한 제철 과일을 사용해도 좋아요.

★ 바나나의 씹히는 식감을 느끼고 싶다면 플레인 요거트에 바나나를 으깨서 넣어보세요.

* 플레인 요거트는 당을 첨가하지 않은 우유에
유산균을 추가한 발효식품으로 장건강과 소화기능을 도우며
항암, 피부미용, 면역력을 향상시키는 효능이 있습니다.

* 바나나는 저지방 저칼로리 식품으로 다이어트에 좋으며 섬유
가 많아 변비에 좋습니다.

단호박 요거트빵

보슬보슬 부드러운 단호박 빵에 요거트가 스며들어 촉촉하고 부드러워요.
플레인 요거트에 식이섬유가 풍부한 단호박 빵을 얹어 촉촉한 빵을 만들었어요.
변비에 좋은 단호박과 장 건강에 좋은 요거트의 조화가 아주 잘 어울려요.

재료 준비

요거트 100ml / 단호박 200g / 달걀 1개 / 꿀 1큰술 / 블루베리 3개
★ 완성 154g, 전자레인지 5분

만들기

❶ 단호박은 쪄서 곱게 으깨어 준다.

❷ 으깬 단호박에 달걀노른자를 풀고 꿀 한 숟가락을 넣어 섞어준다.

❸ 다른 볼에 달걀흰자를 푼 후, 거품기를 한 방향으로 저어가며 머랭을 만든다.

❹ ②에 머랭을 넣고 살살 섞어준다.

❺ 내열용기에 반죽을 담고 전자레인지에 5분 돌린다.

❻ 완성된 단호박 빵은 먹기 좋은 크기로 잘라 컵에 담아낸다.

❼ ⑥에 플레인 요거트가 스며들도록 붓고 블루베리를 위에 올려 토핑한다.

쿠킹 TIP

★ 요거트는 당을 첨가하지 않은 플레인 요거트로 준비하세요.

★ 플레인 요거트 특유의 신맛을 좋아하지 않는다면 꿀 한 숟가락을 첨가해보세요.

영양정보

* 단호박은 각종 비타민과 미네랄, 섬유질이 함유되어 있으며
특히 식이섬유가 풍부하여 소화를 촉진,
장 기능을 원활하게 도와줍니다.

* 플레인 요거트는 체내에 들어가서 장에 좋은 효과를 주는
유산균이 함유되어 있습니다. 장건강과 소화기능을 도우며
항암, 피부미용, 면역력을 향상시키는 효능이 있습니다.

우엉 퀴노아 연어전

부드러운 연어 살 속에 아삭아삭 씹히는 우엉과 톡톡 터지는 퀴노아의 식감이 재미있어요.
재료의 영양은 그대로 살리고 노릇노릇 구워낸 연어는 풍미가 가득하지요.
우엉 퀴노아 연어진은 풍부한 단백질은 물론 소화와 변비에도 도움을 주는 기특한 긴식이랍니다.

재료 준비

연어 170g / 우엉 35g / 퀴노아 10g / 쌀가루 **4큰술** / 달걀 **1개** / 올리브오일 **1큰술**
★ 완성 **264g**, 연어전 **10개**

만들기

❶ 우엉은 껍질을 벗기고 다져서 준비한다.

❷ 연어는 껍질을 벗기고 다져서 준비한다.

❸ 볼에 다진 우엉과 연어, 퀴노아, 달걀, 쌀가루, 올리브오일을 넣고 섞어 반죽을 만든다.

❹ 프라이팬에 반죽을 한 숟가락씩 떠 넣어 동글납작하게 굽는다.

쿠킹 TIP

★ 코팅 프라이팬을 이용하면 연어 자체에 기름이 있어 따로 오일을 두르지 않고도 구워낼 수 있어요.

★ 시중에 판매되는 연어 통조림을 사용하면 좀더 간단하게 만들 수 있어요.

영양정보

*우엉은 식물섬유가 풍부하게 들어있어 배변을 촉진하며
다이어트에 효과적인 식재료입니다.
그밖에도 콜레스테롤, 발암물질 등의 유해물질을 배설, 대장암예방, 소염, 해독작용,
이뇨작용 등의 효과가 있습니다.

*퀴노아는 좁쌀 크기의 고단백 식품으로 단백질과 칼슘 함량이 높습니다. 다른 곡류와
달리 나트륨이 거의 없고 글루텐이 없어 알레르기반응을 유발하지 않습니다.
필수 아미노산과 각종 영양소가 풍부하게 들어있어 노화지연, 고혈압, 당뇨,
면역력 강화, 두뇌세포의 활성화에 좋습니다.

나의 반려견에게 필요한
2 탈수예방 수분공급 간식 }

수분은 강아지에게 꼭 필요한 6대 영양소 중 하나예요.
물은 몸속의 노폐물을 배출하고 섭취한 영양소를 몸 안에서 적재적소에 운반하는
중요한 역할을 해요. 수분을 충분하게 섭취하지 못하면 세포가 제 기능을 발휘하지
못하며 탈수 증상이 지속되면 각종 질병과 장기 손상을 초래한답니다.
깨끗한 물을 마시는 것만으로 수분공급이 충분하지만 평소 물을 잘 마시지 않는
강아지나 회복중인 강아지, 더운 날 운동을 해서 탈수 현상이 일어날 때
강아지에게 맛있게 수분공급을 할 수 있는 간식 조리법을 소개합니다.

❶ 양배추 단호박 수프 / ❷ 파프리카 비타민 주스 / ❸ 오리 안심죽 / ❹ 딸기 요거트 / ❺ 오트밀 스튜

양배추 단호박 수프

탈수증상이 오면 기력이 약해지기 마련이죠. 수분섭취와 영양보충을 한 번에 할 수 있도록
따뜻하게 먹는 수프를 만들었어요.
단호박의 달작지근함 속에 돼지고기를 듬뿍 넣어 강아지가 좋아해요.
수프의 농도를 잡기위해 밀가루 대신 쌀가루를 사용하고 양배추를 갈아 넣어 소화가 잘되도록 했답니다.

재료 준비

단호박 **90g** / 양배추 **60g** / 돼지고기 분쇄 **60g** / 물 **250ml**

만들기

❶ 양배추, 단호박, 돼기고기 분쇄를 준비한다.

❷ 찜기에 깨끗이 씻은 양배추와 껍질을 벗긴 단호박을 올리고 찐다.

❸ 믹서에 쪄낸 단호박과 양배추에 물을 붓고 곱게 간다.

❹ 냄비에 ③을 붓고 쌀가루, 간 돼지고기를 넣고 끓인다.

❺ 센 불에서 끓이다가 끓기 시작하면 약한 불에서 10분간 저어주며 끓여낸다.

쿠킹 TIP

★ 돼지고기는 단백질 함량은 높고 지방이 적은 안심이나 등심 부위를 사용하세요.

★ 수프의 걸쭉한 농도는 쌀가루 양으로 조절하세요.

영양정보

* 양배추는 비타민, 미네랄, 식이섬유가 풍부한 야채입니다. 특히 비타민C가 많아 피모에 좋으며 혈관을 튼튼하게 하며 비타민U는 위장, 간 기능 강화에 도움을 줍니다. 그밖에도 기관지염, 암 예방, 변비 해소의 효과가 있습니다.

* 단호박은 각종 비타민과 미네랄, 섬유질이 함유되어 있으며 특히 식이섬유가 풍부하여 소화를 촉진, 장 기능을 원활하게 도와줍니다.

파프리카 비타민 주스

제철과일과 채소로 부족한 비타민을 채워주세요.

채소를 좋아하지 않아도 달달한 과일의 과즙이 들어가면 단맛이 느껴져서 좋아해요.

손쉽게 만들어 부족한 비타민을 챙겨주기 좋답니다.

수분도 챙기고 비타민도 챙기자구요.

재료 준비

딸기 **4개** / 당근 **30g** / 노란 파프리카 **20g** / 빨간 파프리카 **20g** / 사과 **40g**

만들기

❶ 딸기, 사과, 파프리카, 당근을 깨끗이 씻어 적당한 크기로 잘라주세요.

❷ ①을 믹서나 핸드 블렌더를 이용해 곱게 갈아주세요.

❸ 꿀 1숟가락을 넣어주어도 좋습니다.

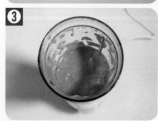

쿠킹 TIP

★ 다양한 제철과일과 채소를 활용해보세요.

★ 믹서에 간 후 얼음 틀에 붓고 굳히면 여름철에 시원한 아이스로 즐길 수 있어요.

영양정보

＊파프리카는 칼로리가 낮고 비타민A, C가 많이 함유된 식품입니다.
비타민이 풍부해 피모에 좋으며 단맛을 지닌 야채로 비교적 강아지들이
잘 먹는 채소중 하나입니다.

오리안심 죽

몸이 아플 때나 회복중인 강아지는 수분을 챙기기 더 어렵지요. 그럴 때 활용하면 좋은 오리안심 죽이에요.
염분을 제거하고 우려낸 황태의 진한 육수가 식욕을 자극해요.
죽으로 만들어 소화가 잘되고 속을 편하게 해준답니다.
부족한 영양과 수분도 챙길 수 있어 강아지가 아플 때 만들어주세요.

재료 준비

오리고기 **50g** / 브로콜리, 당근, 단호박, 양배추 각 **7g** / 병아리 콩 **10g** / 쌀가루 **16g** / 황태육수 **200ml** / 아마씨 가루 **1작은술**
★ 완성 **205g**

만들기

❶ 황태는 수시로 물을 갈아주며 30분 이상 물에 담가 염분을 제거한다.

❷ 2차 염분 제거를 위해 끓는 물에 거품을 걷어내며 데친다. 2회 반복하여 남은 염분이 없도록 한다.

❸ 오리안심과 브로콜리, 당근, 단호박, 양배추는 잘게 다진다.

❹ 병아리 콩은 미리 물에 불려 놓은 뒤 잘게 다져 준비한다.

❺ 냄비에 다져 준비해둔 채소와 오리안심, 병아리 콩, 쌀가루를 넣고 황태육수를 부어 7~10분 정도 끓인다.
완성 후 아마씨 가루를 뿌려 토핑 한다.

쿠킹 TIP

★ 황태를 끓인 육수를 그대로 활용하기 때문에 염분제거를 꼼꼼히 해주어야 해요.

★ 육수를 만들고 남은 황태는 잘게 잘라 같이 넣어 주면 더욱 좋아요

★ 레시피에 사용된 채소는 집에 있는 다양한 채소로 대체 가능해요.

영양정보

* 황태는 저지방 고단백 식품으로 필수 아미노산이 풍부하며 콜레스테롤이 낮으며 신진대사를 활성화시켜 기력회복에 좋습니다.

* 오리고기는 불포화지방산이 풍부해 영영보충으로 좋은 보양식입니다. 기력강화와 피부, 털, 발톱건강에 좋으며 콜레스테롤을 낮추어 혈관질환 예방, 혈관 강화에 효과가 있습니다.

딸기 요거트

딸기는 칼슘을 보충할 수 있는 요거트와 같은 유제품과 같이 먹으면 영양이 훨씬 좋아요.
상큼 달콤한 딸기의 과즙에 요거트를 섞어 만들었어요.
부족한 수분도 채우고 비타민C도 섭취할 수 있어 피부와 모질에 좋답니다.

재료 준비

플레인 요거트 **160g** / 딸기 **2개**

만들기

❶ 플레인 요거트를 준비한다.

❷ 딸기를 잘게 다진다.

❸ 용기에 요거트를 붓고 다진 딸기를 넣고 섞어준다.

쿠킹 TIP

★ 꿀 1숟가락을 넣으면 단맛이 나서 더 좋아해요.

★ 다양한 제철 과일을 이용해 보세요.

영양정보

* 딸기에는 비타민C가 다량 함유되어 피부미용,
감기예방에 좋으며 철분이 많아 빈혈에 좋습니다.
그밖에도 식물섬유인 펙틴이 들어있어 혈중 콜레스테롤 수치를 낮추고
동맥경화, 고혈압 개선에 도움을 줍니다.

탈수예방 수분공급 간식

오트밀 스튜

두유를 따뜻하게 끓여 스튜로 만들었어요.
오트밀의 냄새가 정말 고소해요.
오트밀이 두유의 수분을 머금어 부드럽고 단백질이 풍부해 한 끼 식사로도 거뜬하답니다.
평소 물을 마시기 싫어하는 강아지, 입맛 없는 강아지, 치아 약한 노령견도 좋은 수분제공 간식이 될 거예요.

재료 준비

무가당 두유 **300ml** / 오트밀 **50g** / 참치파우더 **1작은술**

만들기

❶ 무가당 두유를 준비한다.

❷ 믹서에 오트밀을 넣고 분쇄하여 준비한다.

❸ 냄비에 오트밀과 무가당 두유를 붓고 센 불에서 끓이다 끓어오르면 약한 불로 줄이고
   10분간 저어가며 끓인다. 완성 후 참치파우더 1스푼 올려 토핑 한다.

쿠킹 TIP

★ 무가당두유 대신 직접 콩을 간 콩물을 사용해도 좋아요.

★ 시중에 파는 오트밀은 그대로 사용해도 좋지만 믹서에 넣고 한번 갈아주면 더욱 부드러운 스튜를 만들 수 있어요.

영양정보

* 무가당 두유는 당을 넣지 않은 두유를 말합니다.
콩을 갈아 만든 식품으로 단백질뿐만 아닌 성장에 도움을 주는 리신,
트립토판과 불포화지방산을 함유하고 있어 동맥경화에 좋으며
성장 발육, 피부 건강, 노화 예방 효과를 볼 수 있습니다.
우유를 소화시키지 못하는 유당 불내증이 있는 강아지에게 우유 대신 사용할 수 있습니다.

* 오트밀은 다른 곡류에 비해 단백질, 비타민B, 많고 식이섬유가 풍부하여
소화, 다이어트에 좋습니다.
나트륨에 대한 길항작용을 갖는 칼슘 함량이 많아
고혈압, 동맥경화, 심장병, 신장에 부담을 주는 것을 예방하는 효과가 있습니다.

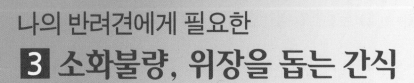

나의 반려견에게 필요한

3 소화불량, 위장을 돕는 간식

강아지는 음식 섭취시 조절 능력이 없어 지나치게 많이 먹거나 급하게 먹는
경우가 많아 소화불량에 자주 시달린답니다.
급하게 먹은 음식물은 소화가 잘 되지 않아 설사를 하기도 해요.
평소 소화기관이 약한 강아지라면 소화를 잘 시킬 수 있는 간식을 만들어 주는
것이 좋아요.
소화를 촉진하고 위 건강을 돕는 재료를 사용해 간식을 만들었어요.
하지만 소화 효소가 든 재료로 만든 간식일지라도 무엇보다 적절한 양을
제공하는 것이 중요합니다.

❶ 딸기·사과 두유 푸딩 / ❷ 바나나 코코넛 빵 / ❸ 배꿀 쨈 / ❹ 사과·닭 가슴살 파이 / ❺ 소고기 완자

딸기 · 사과 두유 푸딩

우유를 소화시키지 못하는 강아지도 먹을 수 있는 무가당 두유로 만든 푸딩 이예요.
탱글탱글한 두유 속에 아삭한 사과의 식감이 느껴진답니다.
소화흡수에 도움이 되는 한천으로 부드럽게 만든 푸딩은 먹기에 좋아요.
평소 유당불내증으로 우유를 소화시키지 못했다면 무가당두유로 푸딩을 만들어 주세요

● 재료 준비

사과 **10g** / 딸기 **3개** / 무가당 두유 **200ml** / 한천 **2g**

● 만들기

❶ 사과는 깨끗이 씻고 잘게 썰어 준비한다.

❷ 믹서에 무가당 두유와 깨끗이 씻은 딸기를 넣고 곱게 간다.

❸ 냄비에 ②를 붓고 꿀과 불린 한천을 넣고 고루 섞는다.

❹ 약한 불에 천천히 저어가며 10분정도 끓인다.

❺ 끓인 두유를 용기에 담고 썰어 둔 사과를 넣는다. 한 김 식힌 뒤 냉장고에 넣어 굳힌다.

● 쿠킹 TIP

★ 무가당 두유 대신 불린 콩을 갈아 콩물을 사용해도 좋아요.

영양정보

* 무가당 두유는 당을 넣지 않은 두유를 말합니다.
두유는 콩을 갈아 만든 식품으로 단백질뿐만 아니라
성장에 도움을 주는 리신, 트립토판과 불포화지방산을 함유하고 있어
동맥경화증에 좋으며 그밖에 성장발육, 피부건강, 노화예방에도
효과를 볼 수 있습니다.
우유를 소화시키지 못하는 유당불내증이 있는 강아지에게
우유대신 사용할 수 있습니다.

바나나 코코넛 빵

바나나 한 개를 통째로 넣고 진짜 바나나 모양으로 구워낸 재미있는 모양의 빵이랍니다.
소화가 잘되도록 밀가루대신 쌀가루를 사용해서 부드럽게 구웠어요.
바나나는 그냥 먹어도 좋지만 빵으로 만들면 더욱 맛있게 즐길 수 있어요.
촉촉하고 달달해서 사랑받는 인기 간식이지요.

● ● 재료 준비

바나나 **1개** / 코코넛가루 **20g** / 쌀가루 **45g** / 꿀 **1큰술** / 달걀 **1개**
★ 완성 바나나 빵 **3개** / 오븐180℃ 20분 굽기

● ● 만들기

❶ 볼에 달걀을 풀고 바나나를 으깬다.
❷ ①에 꿀 1큰술을 넣고 섞는다.
❸ 여기에 코코넛 가루를 더한다.
❹ 쌀가루를 체에 덩어리 없이 내려 주걱으로 고루 섞는다.
❺ 틀에 올리브 오일을 바른다.
❻ 반죽을 틀에 붓고 180℃오븐에서 20분 구워낸다.

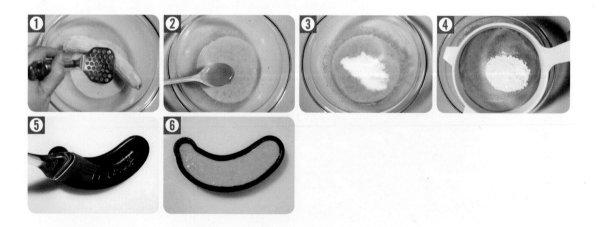

● ● 쿠킹 TIP

★ 바나나모양 틀이 없다면 다른 모양의 틀을 사용하세요.

영양정보

＊바나나는 탄수화물과 식물섬유가 풍부해 소화가 잘되는 과일입니다.
비타민C, 칼슘, 칼륨, 카로틴이 풍부해 혈중 백혈구를 증가시키고
면역력 강화에 좋습니다.

＊쌀가루는 칼로리가 낮으며 소화가 잘되는 곡물입니다.
쌀은 단백질이 글루텐을 형성하지 않기 때문에 밀 단백질 알레르기가 있는
강아지에게도 사용할 수 있는 재료로서 강아지 베이킹 간식에서
밀가루 대체 식재료로 많이 사용됩니다.

배꿀 쨈

달달한 배의 영양을 그대로 담은 홈 메이드 소화제랍니다.
배를 입안에 넣으면 사르르 부서지고 달콤함만 남아요.
달짝지근하고 부드러워 소화 안될 때 조금씩 먹이면 좋답니다.

재료 준비

배 1/4쪽 / 꿀 1큰술

만들기

❶ 배 반쪽을 먹기 좋은 한입크기로 자른다.

❷ 남은 반쪽은 믹서에 넣고 곱게 간다.

❸ 냄비에 ①,②를 넣고 약한 불에서 끓인다.

❹ 자작하게 졸여지면 꿀1스푼을 넣고 저어준다.

 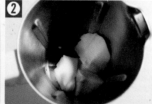 

쿠킹 TIP

★ 배는 단단하고 상처가 없는 것을 고릅니다.

★ 더운 여름철에 냉동실에 얼리면 아이스크림으로도 시원하게 즐길 수 있어요.

★ 배꿀 쨈은 소화제 역할뿐만 아니라 감기에 걸렸을 때 따뜻하게 데워 주어도 좋아요.
  너무 많이 주면 배탈 날 수 있으니 주의하세요.

영양정보

* 배에는 소화를 촉진하는 소화효소가 들어있습니다.
칼로리가 낮고 수분이 풍부하며 섬유소가 들어있어 변비에도 효과적입니다.
그밖에도 신진대사 촉진, 항산화 효과, 면역력 증진, 피로회복,
식욕증진의 효과도 있습니다.

소화불량, 위장을 돕는 간식

사과 · 닭 가슴살 파이

'매일 사과 한 개를 먹으면 의사가 필요 없다'는 말이 있을 정도로 사과는 약효가 많은 과일이예요.
위장을 튼튼하게 하는 사과 하나를 통째로 구웠어요.
사과의 달콤함과 사과의 과즙이 닭 가슴살을 촉촉하게 적신 부드러운 파이 간식이랍니다.

재료 준비

사과 **1개** / 다진 닭 가슴살 **50g** / 말린 표고버섯 **5g** / 불린 검은콩 **25g** / 쌀가루 **15g** / 달걀 노른자 **1개**
★ 완성 **333g** / 오븐180℃ 20분 굽기

만들기

❶ 깨끗이 씻은 사과는 숟가락으로 속을 파낸다.

❷ 검은콩과 마른 표고버섯은 미리 물에 불려 놓고 표고버섯과 닭 가슴살은 잘게 썰어 다진다.

❸ 냄비에 속을 파내고 남은 사과와 ②를 넣고 살짝 볶는다.

❹ 볼에 ③을 넣고 달걀 노른자 한 개를 풀어 넣는다.

❺ 체에 쌀가루를 내리고 고루 섞어 반죽을 만든다.

❻ 속을 파낸 사과 속에 반죽을 가득 채우고 180℃ 예열된 오븐에서 20분 구워낸다.

영양정보

* 사과는 비타민과 효소, 유기산, 미네랄이 균형 있게 함유되어 있습니다.
  식물섬유인 펙틴이 위장의 활동을 원활하게 하고 유해물질을 제거,
  혈중 콜레스테롤 수치를 낮추는 작용을 합니다.
  또한 항산화작용을 하여 신장병, 동맥경화와 같은 질환에도 효과가 있습니다.

* 검은콩은 블랙푸드의 대표 건강식품으로 안토시아닌 색소를 많이 함유하고
  있어 시력회복, 항암 작용, 노화방지에 좋으며 혈액 순환을 돕습니다.

소고기 완자

맛있게 즐길 수 있는 한입 크기의 동글동글 완자예요.
평소 소화력이 약한 강아지에게 고기를 통째로 사용한 간식은 부담스러울 수 있어요.
영양보충을 위해 육류를 주어야 한다면 소화가 잘 되도록 고기를 다져 넣고 만들어 보세요.
재료를 다져 넣고 찜기로 익혀내면 부드러워서 소화하기 쉬워요.

재료 준비

간 소고기 **150g** / 우엉 **40g** / 당근 **40g** / 쌀가루 **20g** / 달걀 노른자 **1개**
★ 완성 **240g**, 완자 **10개**

만들기

❶ 소고기는 기름이 없는 부위로 곱게 다져 준비하거나 간 소고기를 사용한다.

❷ 껍질을 벗긴 우엉과 당근은 곱게 다진다.

❸ 볼에 다진 고기와 우엉, 당근, 달걀노른자, 쌀가루를 넣고 섞는다.

❹ 고루 치대며 반죽한다.

❺ 반죽을 한 입 크기로 둥글게 빚는다.

❻ 둥글게 빚은 반죽은 찜기에 넣어 25분간 찐다.

쿠킹 TIP

★ 둥글게 빚은 반죽은 프라이팬에 코코넛 오일이나 올리브 오일을 살짝 두르고 익혀주어도 좋아요.
　한번에 너무 많이 주면 배탈 날 수 있으니 주의하세요.

영양정보

＊소고기는 고단백 식품으로 성장발육, 성장촉진, 회복기 강아지에게 좋습니다.

＊우엉은 이눌린이 함유되어 신장 기능을 향상 시키고 이뇨작용, 체내에 쌓인
노폐물에 의해 일어나는 질병과 증상에 효과가 있습니다.

＊당근은 베타카로틴이 풍부하게 들어있어 면역력을 높이고 암 예방, 피부미용,
노화방지 , 눈 건강을 유지하는 효과가 있습니다.

나의 반려견에게 필요한
4 다이어트 간식

요즘 강아지들은 맛있는 음식을 많이 먹어 섭취한 칼로리가 높은 반면에 운동량
부족으로 소비하는 칼로리가 적어 비만견이 많아지고 있다고 해요.
강아지 비만은 심장병이나 관절질병, 호흡기 질병 등으로 이어질 수 있기 때문에
체중관리가 중요해요.
매일 산책을 데리고 나가고, 다이어트식 사료로 바꾸고 사료의 급여 횟수를 줄이는 등
여러 가지 방법으로 다이어트를 하면서 자연스럽게 간식도 자제하기 마련이지만
칼로리는 낮고 포만감이 높은 간식을 만들어 주면 즐거운 다이어트가 될 거예요.
수분과 식이섬유가 풍부한 재료를 사용하면 장 건강과 변비 예방, 소화기능을 도와
다이어트에 도움이 된답니다. 맛있게 먹으며 다이어트 할 수 있는 간식을 소개합니다.
하지만 다이어트 간식도 많이 급여하면 안 되는 거 알죠?

❶ 단호박 닭 가슴살 오븐구이 / ❷ 단호박 야채 찜 / ❸ 닭 가슴살 고구마 롤 / ❹ 닭 근위 오븐 구이 / ❺ 두부 스틱
❻ 연어 치아씨드 상투 쿠키

단호박 닭 가슴살 오븐구이

각종 비타민과 식이섬유, 무기질이 풍부하며 칼로리가 낮아 다이어트에 좋은 단호박에
저지방 고단백 닭 가슴살을 돌돌 말아 오븐에 구웠어요.
닭 가슴살은 담백하고 단호박은 달콤해요.

재료 준비

단호박 **165g** / 닭 가슴살 **246g**
★ 완성 **282g** / 오븐 170℃ 15분 굽기

만들기

❶ 단호박은 껍질째 깨끗이 씻어 반으로 자르고 씨와 속을 숟가락으로 깨끗하게 긁어낸다.

❷ 단호박은 0.5cm두께로 길게 잘라 준비한다.

❸ 닭 가슴살은 결을 따라 0.3cm두께로 얇게 잘라 준비한다.

❹ 준비해둔 단호박에 닭 가슴살을 돌돌 만다.

❺ 파슬리 가루를 솔솔 뿌려 토핑 후 오븐 팬에 올리고 170도 오븐에서 구워낸다.

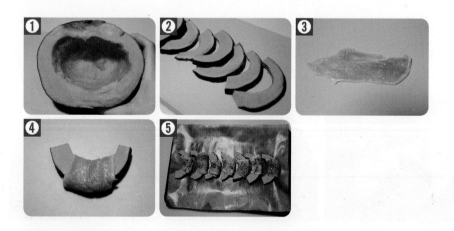

쿠킹 TIP

★ 단호박 껍질에는 많은 칼슘이 함유되어 있어 골다공증 예방에 좋아요.

★ 껍질을 벗겨내지 말고 만들어보세요!

★ 단호박을 반으로 자르기 힘들 땐 전자레인지에 2~3분 돌린 후 자르면 쉽게 자를 수 있어요.

영양정보

* 닭 가슴살은 저지방 고단백 저칼로리 건강식품입니다.
  담백하고 육질이 부드러워 강아지 간식에서
  많이 쓰이는 재료입니다.

* 단호박은 각종 비타민과 미네랄, 섬유질이 함유되어 있으며
  특히 식이섬유가 풍부하여 소화를 촉진, 장 기능을 원활하게
  도와주는 다이어트에 좋은 식재료입니다.

단호박 야채 찜

건강은 물론 다이어트에 좋은 단호박을 통째로 사용했어요.
단호박 속에 식이섬유가 풍부한 채소와 고단백 닭 안심, 두부를 함께 넣어 만든 든든한 간식입니다.
푹 쪄낸 고기와 단호박이 부드럽게 입안에서 녹아내려요.
한 끼 식사로도 충분할 만큼 든든한 간식이예요.

재료 준비

단호박 1통 / 두부 150g / 닭 안심 235g / 양배추, 당근 각 50g

만들기

❶ 양배추, 당근, 닭 안심은 곱게 다져 준비한다.

❷ 두부는 염분제거를 위해 끓는 물에 삶는다.

❸ 염분을 제거한 두부는 면보를 이용해 물기를 제거한다.

❹ 볼에 다진 야채와 닭 안심, 두부를 넣고 고루 버무려 소를 만든다.

❺ 단호박은 깨끗이 씻고 꼭지 부분을 자른 후 숟가락으로 속을 판다.

❻ 단호박 안에 ④를 넣어 채운다.

❼ 소를 채운 단호박은 호박 뚜껑을 덮고 김이 오른 찜통에 30분간 찐다.

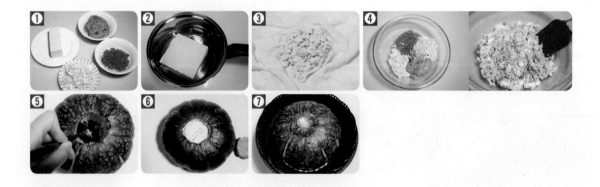

쿠킹 TIP

★ 닭 안심 부위 대신 닭 가슴살을 사용해도 상관 없어요.

★ 껍질째 사용하는 단호박은 베이킹소다를 이용해 깨끗하게 닦아 주세요.

★ 단호박이 익었는지 확인하려면 젓가락으로 찔러 보아 단번에 푹 들어가면 익은 거예요.

★ 찜기를 이용하기 힘들다면 전자레인지에 30분 돌려 주어도 좋아요.

★ 단호박을 통째로 만들기에 양이 부담스럽다면 미니 단호박을 이용해보세요!

영양정보

* 닭 안심은 지방의 함량이 거의 없는 고단백 저칼로리의 대표적인 부위입니다.
지방과 콜레스테롤이 매우 낮아 담백한 맛이 나며 육질이 부드러운 것이 특징입니다.

* 단호박은 각종 비타민과 미네랄, 섬유질이 함유되어 있으며 특히 식이섬유가 풍부하여
소화를 촉진, 장 기능을 원활하게 도와줍니다.

* 양배추는 미네랄과 비타민이 풍부하여 피부건강과 혈관을 튼튼하게 하며
위장질환, 암 예방에 효과가 있습니다.

* 당근은 카로틴이 풍부하게 들어있어 암, 노화예방, 눈 건강,
피부미용에 효과가 있습니다.

닭 가슴살 고구마 롤

닭 가슴살은 저지방 고단백식품으로 육류를 좋아하는 강아지의 다이어트 간식에 좋은 식재료랍니다.
식이섬유가 풍부한 달콤한 고구마와 함께 돌돌 말아 건조시켰어요.
다이어트 간식뿐 아니라 평소 칭찬용 간식으로 하나씩 주어도 칼로리 부담이 없어 좋습니다.

재료 준비

고구마 **1개** / 닭 가슴살 **230g**
★ 완성 75g / 식품건조기 65℃ 8시간 건조

만들기

❶ 닭 가슴살을 고기망치로 두드리거나 밀대로 밀어 얇게 편다.

❷ 깨끗하게 씻은 고구마는 껍질을 벗겨 비닐봉지에 담아 전자레인지에 3분간 돌려 익힌다.

❸ 익힌 고구마는 식힌 후 1센티 폭으로 길게 자른다.

❹ 얇게 펴서 준비해둔 닭 가슴살 위에 길게 자른 고구마를 안에 넣는다.

❺ 닭 가슴살을 돌돌 말고 벌어지지 않도록 꾹꾹 누른다.

❻ 롤 형태가 된 닭 가슴살은 먹기 좋은 크기로 자른다.

❼ 식품건조기 트레이 위에 올려 65℃로 8시간 건조한다.

　(건조 시간은 키우는 강아지의 기호에 맞게 조절하세요. 말랑말랑한 식감을 원하면 8시간 이내로 건조,

　딱딱한 식감을 원하면 8시간 이상 건조해줍니다.)

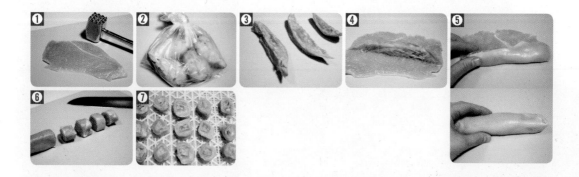

쿠킹 TIP

★ 고구마는 전자레인지를 이용해 쪄내면 쉽고 간단해요! 너무 푹 익혀내면 자르기 힘드니 주의하세요.

★ 기생충 감염예방을 위해 닭 가슴살은 식촛물 소독과정을 거쳐서 준비해주세요.

영양정보

* 닭 가슴살은 필수아미노산이 풍부한 고단백 저지방 식품입니다.
  닭고기 부위 중 살코기의 양이 가장 많으며 담백한 맛으로
  강아지 간식재료로 많이 쓰입니다.

* 고구마는 탄수화물, 칼륨, 미네랄, 칼슘, 비타민이 많이 들어 있어
  피로 회복, 피부 미용, 노화 방지에 효과가 있으며
  식이섬유가 풍부하여 변비를 해소합니다.

다이어트 간식

닭 근위 오븐 구이

닭 근위 특유의 향과 쫄깃쫄깃 식감이 좋은 오븐 구이 간식이에요.

오븐에 구워낸 육질이 씹을수록 고소해서 맛이 좋답니다.

어린 강아지부터 대형견까지 즐길 수 있는 담백한 간식으로 칼로리가 낮아 부담 없이 급여할 수 있어요.

재료 준비

닭 근위 **130g** / 식초 / 우유 약간 / 파슬리 약간

★ 오븐 160℃ 20분 굽기

만들기

❶ 닭 근위는 깨끗이 씻은 후 식촛물에 담가 소독한다.

❷ 지방은 제거하고 십자 모양으로 칼집을 낸다.

❸ 칼집을 낸 닭 근위는 우유에 담가 누린내를 제거한다.

❹ 깨끗한 물로 씻고 체에 밭쳐 물기를 제거한다.

❺ 물기를 제거한 닭 근위를 유산지에 깐 오븐 팬에 올리고 파슬리로 토핑한다. 160℃ 오븐에 20분 구워낸다.

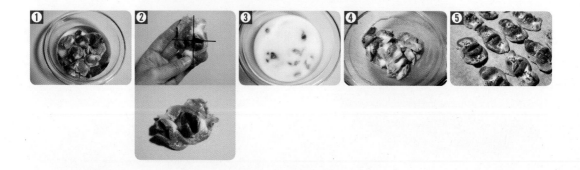

쿠킹 TIP

★ 오븐이 없을 때는 찜기를 이용해 쪄 주어도 좋고, 건조기를 이용해 건조하면 질긴 육포의 식감으로 즐길 수 있어요.

영양정보

* 닭 근위는 저지방으로 다이어트에 좋은 식품이며
콜라겐과 단백질이 풍부하여 피부미용,
노화방지에 좋습니다.

다이어트 간식

두부 스틱

두부는 콩의 영양소를 그대로 흡수할 수 있는 저 열량, 고단백 식재료예요.
두부에 고소한 들깨가루를 솔솔 뿌려 고소함을 더했어요.
오독오독 바삭바삭한 소리까지 맛있는 고소한 두부과자는 저칼로리 식품으로
다이어트할 때도 챙겨주기 좋은 간식이랍니다.

재료 준비

두부 **1모** / 들깨가루 약간
★ 오븐170℃ 앞면10분+뒷면10분 굽기

만들기

❶ 염분 제거를 위해 찬물에 20분 이상 담가둔다.

❷ 1차 염분을 제거한 두부는 끓는 물에 살짝 데쳐 2차로 염분을 제거한다.

❸ 염분을 제거한 두부는 키친타월 위에 올려 물기를 제거한다.

❹ 두부는 0.5cm두께 2.5cm x 5cm 크기로 슬라이스 한다.

❺ 키친타월 위에 올려서 남은 물기를 제거한다.

❻ 트레이 위에 두부를 담고 들깨가루를 뿌려 토핑한 후 170℃ 오븐에서 앞면 10분, 뒷면 10분 굽는다.

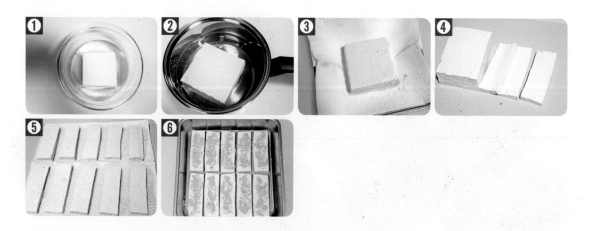

쿠킹 TIP

★ 두부는 염분제거가 필수예요! 찬물에 20분 이상 담가 두거나 끓는 물에 데쳐서 염분을 제거해주세요.

★ 오븐이 없을 때는 전자레인지에 앞뒤로 8분씩 돌려 익혀주세요.

 (두부의 바삭한 정도는 다를 수 있으니 전자레인지 시간을 적절히 조절하세요.)

영양정보

* 두부는 콩을 갈아 만든 식품으로 식물성 단백질이 풍부합니다. 소화흡수율이 높아 콩의 영양을 완전하게 흡수 할 수 있는 건강식품입니다.

콜레스테롤을 억제하고 골다공증을 예방하며 비타민E가 풍부하여 혈액순환을 좋게 합니다. 그밖에도 두뇌활동 발달, 피부건강, 암 예방, 위장 활동을 원활하게 하는 효과가 있습니다.

* 들깨가루는 오메가3가 풍부합니다. 혈관에 쌓인 콜레스테롤을 제거, 예방하는 효과가 있으며 피부 미용, 노화 방지에도 좋습니다.

연어 치아씨드 상투 쿠키

치아씨드가 쏙쏙 박힌 촉촉한 연어 쿠키랍니다.
오븐에 구워내어 연어의 풍미가 더욱 깊어요. 연어에 식이섬유가 풍부한 치아씨드를 넣고 포만감을
높였어요. 일반 쿠키와 달리 칼로리를 낮춘 상투 모양의 쿠키예요.

재료 준비

연어 **210g** / 치아씨드 **15g** / 쌀가루 **30g** / 달걀 **1개** / 올리브 오일 **1작은술**
★ 완성 **202g**, 쿠키 **17개** / 오븐 170℃ 20분 굽기

만들기

❶ 연어는 껍질을 벗기고 남아있는 가시가 있다면 제거한다.

❷ 껍질을 벗긴 연어는 잘게 다져 준비한다.

❸ 달걀1개를 푼 뒤 올리브오일을 넣는다.

❹ ③에 다진 연어와, 치아씨드를 넣고 섞는다.

❺ 체에 쌀가루를 덩어리 없이 내린 뒤 주걱으로 고루 섞어 반죽을 만든다.

❻ 완성된 반죽을 깍지를 끼운 짤 주머니에 담는다.

❼ 유산지나 데프론 시트를 깐 팬 위에 짤 주머니를 수직으로 세우고 바닥부터 천천히 짠다.

❽ 170℃로 예열된 오븐에 넣어 20분간 구워낸다.

❾ 구워낸 쿠키는 식힘망 위에 얹어 식힌다.

쿠킹 TIP

★ 반죽을 짤 주머니에 넣고 짜서 만들면 상투 모양의 쿠키를 만들 수 있어요.
  짤 주머니가 없거나 번거로울 때는 반죽을 숟가락으로 떠서 팬에 올려 구워도 좋아요.

★ 올리브오일 대신 코코넛 오일을 사용해도 좋아요.

영양정보

* 치아씨드는 오메가3, 철분, 칼슘, 마그네슘, 식이섬유 등의
영양소가 풍부합니다.
적은 양을 섭취해도 포만감을 느껴 다이어트 식품으로 좋습니다.

* 연어는 오메가3, DHA가 풍부하게 함유 되어 있습니다.
DHA는 동맥경화나 혈전을 예방하며 뇌의 활동을 돕습니다.
단백질과 비타민이 풍부하여 피부 미용, 노화 예방에 효과 있습니다.
그밖에도 소화 촉진, 성장, 골다공증에도 좋습니다.

5 피모간식

강아지에게 흔한 질병중 하나는 피부 트러블이예요.
강아지도 사람처럼 여드름, 비듬이 생기고 가려움증을 호소하기도 해요.
피부 트러블이 심하면 병원에선 항생제나 스테로이드제를 사용하지만 늘 먹일 수
있는 것은 아니기 때문에 피부에 좋은 음식으로 평소 관리해 주는 것이 좋아요.
오메가6, 오메가3 등 피부 건강에 좋은 효능을 가진 재료를 이용한 간식을
섭취하면 피부 관리에 도움이 된답니다.
피부에 좋은 성분이 함유된 재료로 간식을 만들어 먹여보세요.
모량도 풍성해지고 윤기부터가 달라진답니다.

❶ 검은깨 두부 찜 케이크 / ❷ 닭 가슴살 아마씨 스틱 / ❸ 브로콜리 두부 큐브 / ❹ 연어 져키 / ❺ 오리 코코넛 볼

검은깨 두부 찜 케이크

피모에 좋은 검은깨가 콕콕 박힌 고소하고 담백한 찜 케이크랍니다.
퍽퍽할 수 있는 닭 가슴살을 두부와 함께 쪄내어 촉촉하고 부드러워요.
건강한 재료만 넣고 오븐 없이 찜기를 이용한 찜 케이크를 만들어 보세요.

재료 준비

닭 가슴살 **80g** / 쌀가루 **50g** / 검은깨 **30g** / 달걀 **1개** / 우유 **1큰술** / 올리브 오일 **1작은술**

★ 완성 머핀 2개 분량

만들기

❶ 두부는 끓는 물에 20분 데쳐 염분을 제거한다.

❷ 두부를 1cm 크기로 깍둑썰기 하고 키친타월을 이용해 물기를 제거한다.

❸ 볼에 달걀을 풀고 올리브 오일과 우유를 넣는다.

❹ ③에 다진 닭 가슴살을 넣는다.

❺ 여기에 쌀가루, 검은 참깨를 넣고 가루가 보이지 않도록 섞는다.

❻ 반죽에 준비해둔 두부를 넣고 두부 모양이 망가지지 않도록 주걱으로 살살 섞어 반죽을 마무리한다.

❼ 머핀 컵에 반죽을 채워 담고 20분간 쪄낸다.

쿠킹 TIP

★ 두부는 제조하는 과정에서 간수가 들어 있어 염분 제거가 필수예요!

★ 피모에 좋은 연어 오일을 반죽에 한 큰술 첨가해도 좋아요.

★ 두부를 으깨어 반죽에 넣어주어도 좋아요.

영양정보

*검은깨는 비타민B, 리놀산 등 불포화지방산이 다량 함유되어
콜레스테롤 수치를 낮추며 오장을 튼튼하게 합니다.
또한 항산화작용을 하는 감마토코페롤과 케라틴이 함유되어
털의 윤기, 탈모, 노화 방지, 피부 건강에 좋습니다.

*두부는 콩을 갈아 만든 식품으로 식물성 단백질이 풍부합니다.
소화흡수율이 높아 콩의 영양을 완전하게 흡수할 수 있는 건강식품입니다.
콜레스테롤을 억제하고 골다공증을 예방하며
비타민E가 풍부하여 혈액순환을 좋게 합니다.

닭 가슴살 아마씨 스틱

닭 가슴살을 맛있는 스틱과자로 만들었어요.
피모 건강에 좋은 아마씨 가루를 뿌려 고소함을 배가시키고 겉은 바삭바삭, 속은 촉촉하게 구워냈답니다.
담백한 스틱과자는 칼로리가 낮아 부담없이 먹기에 좋아요.

재료 준비

단호박 100g / 닭 가슴살 150g / 아마씨 파우더 20g / 쌀가루 80g
★ 완성120g / 오븐 180℃ 20분 굽기

만들기

❶ 닭 가슴살은 다지고 단호박은 쪄서 준비한다.

❷ 찐 단호박은 볼에 담아 으깬다.

❸ 으깬 단호박에 다진 닭 가슴살을 넣고 섞는다.

❹ 쌀가루를 체에 덩어리 없이 내리고 섞는다.

❺ 단호박 반죽에 아마씨 파우더를 넣고 반죽한다.

❻ 반죽을 비닐에 넣어 냉장고에서 1시간 정도 휴지시킨다.

❼ 휴지된 반죽을 밀대로 고르게 밀어준다.

❽ 펴진 반죽을 5mm폭으로 길게 자른다.

❾ 시트를 깐 오븐 팬에 자른 반죽을 올리고 180℃ 예열된 오븐에서 20분 굽는다.

❿ 식힘망 위에 올리고 완전히 식혀낸다.

쿠킹 TIP

★ 쌀가루를 최소화하여 반죽이 약간 진 편이예요. 밀대로 밀어 자르기 힘들다면 쌀가루를 조금 더 추가하거나
반죽을 지퍼백에 평평하게 넣어 냉동고에 얼린 후 잘라 보세요.

영양정보

* 아마씨는 단백질, 식이섬유, 오메가3, 비타민, 미네랄 등
영양소가 풍부하며 피부질환, 피모 건강, 탈모 개선,
항암 예방, 두뇌 발달, 심장질환, 변비 예방 등의 효과가 있습니다.

* 단호박은 비타민, 무기질, 식이섬유가 들어있으며
비타민E는 피부와 노화 방지에 좋습니다.

브로콜리 두부 큐브

비타민 덩어리 브로콜리를 담백하고 고소하게 만들었어요.
오독오독 한입에 쏘옥 들어가는 큐브 모양으로 칭찬용 간식으로도 손색 없답니다.
고기 대신 단백질을 보충할 수 있는 두부와 비타민이 풍부한 브로콜리를 넣어 담백한 맛이 나요.

재료 준비

브로콜리 100g / 두부 200g / 쌀가루 50g
★ 완성 119g / 식품건조기 65℃에서 7시간 건조

만들기

❶ 두부는 찬물에 20분 이상 담근 후 끓는 물에 10분간 살짝 데쳐 염분을 제거한다.

❷ 염분을 제거한 두부는 물기를 빼고 볼에 담아 으깬다.

❸ 깨끗이 씻은 브로콜리를 끓는 물에 살짝 데친다.

❹ 데친 브로콜리는 잘게 썬다.

❺ ②에 잘게 썰어 둔 브로콜리와 쌀가루를 넣고 섞는다.

❻ 지퍼백 또는 비닐봉지에 반죽을 담는다.

❼ 끝을 손가락으로 밀어내며 반죽이 평평하도록 한 후 냉동실에서 30~40분 이상 넣어 굳힌다.

❽ 얼린 반죽을 꺼내어 가로2cm, 세로2cm 큐브 모양으로 균일하게 자른다.

❾ 식품건조기 트레이 위에 종이 호일을 깔고 자른 반죽을 얹은 뒤 65℃에서 7시간 건조한다.

쿠킹 TIP

★ 기호성을 높이려면 멸치 파우더나 황태 파우더를 반죽에 추가해 보세요.

★ 건조 시간에 따라 바삭한 식감의 정도를 조절할 수 있어요.

영양정보

* 브로콜리는 비타민C와 비타민A가 풍부해
피부 미용에 효과적입니다.
미용 효과 뿐만 아니라 노화 예방, 면역력, 동맥경화,
암 예방에 좋습니다.

연어 져키

피부와 모질뿐만 아니라 건강에 좋은 슈퍼 생선 연어로 만들었어요.
연어 져키는 털 관리가 필요한 강아지와 아토피, 피부 알레르기 등으로 탈모, 각질이 있는 강아지에게
좋은 효능을 가진 간식예요.
자연 그대로 건조하여 연어 자체의 풍미가 진하며 소화, 흡수력이 좋아 부담 없이 먹을 수 있답니다.

재료 준비

연어 **370g** / 식초
★ 완성 **190g**, 져키 **20개** / 식품건조기 70℃에서 12시간 건조

만들기

❶ 연어는 칼로 비늘을 제거한다.

❷ 연어를 가로 3cm 세로 4cm정도 크기로 자른다.

❸ 식촛물에 연어를 담고 10분간 소독한다.

❹ 소독한 연어는 체에 건져 물기를 제거한다.

❺ 키친타월 위에 올려 남은 물기를 제거한다.

❻ 식품건조기 트레이 위에 올리고 70℃에서 12시간 건조한다.

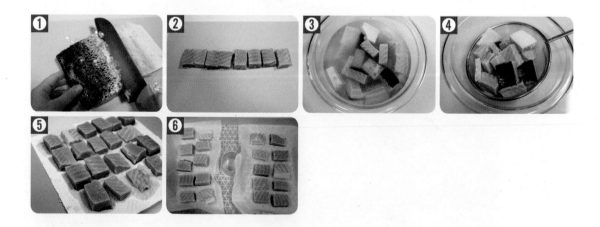

쿠킹 TIP

★ 껍질 바로 아래 부분엔 DHA와 EPA라는 양질의 지방산과 콜라겐이 듬뿍 들어 있어요.

★ 비닐을 잘 제거한 후 껍질까지 건조시키세요.

* 연어는 오메가3, EPA, DHA가 풍부하게 함유되어
동맥경화, 혈전을 예방하며 뇌의 활동을 돕습니다.
강력한 항산화 작용과 콜레스테롤을 제거하는 효과가 있어
암 예방에 좋으며 단백질과 비타민이 풍부하여
피부 미용, 노화 예방 효과가 있습니다.
그밖에도 소화 촉진, 성장, 골다공증에 좋습니다.

오리 코코넛 볼

오리고기에 코코넛 파우더를 넣고 숟가락으로 반죽을 뚝뚝 떼어 만드는 간단한 베이킹 레시피예요.
코코넛 가루가 오리고기의 지방을 빠르게 연소시켜 부담 없이 육류를 즐길 수 있답니다.
달달한 코코넛 향과 오리고기의 고소함이 자꾸 먹고 싶어지는 간식이에요.
오븐에 구워 겉은 바삭바삭 속은 촉촉해요.

재료 준비

오리안심 **300g** / 코코넛 가루 **10g** / 달걀 **1개** / 쌀가루 **20g**
★ 완성 **282g** / 오븐170℃ 15분 굽기

만들기

❶ 볼에 달걀을 넣고 거품기로 저어준다.

❷ 다진 오리고기를 달걀 물에 넣는다.

❸ ②에 쌀가루를 체에 내리고 코코넛 파우더를 넣고 주걱으로 섞는다.

❹ 반죽을 숟가락으로 떠서 오븐 팬에 올리고 170℃에서 15분 구워낸다.

❺ 구워낸 오리 코코넛 볼에 코코넛 파우더를 한 번 더 묻힌다.

❻ 식힘망 위에 올려 식혀낸다.

쿠킹 TIP

★ 오븐에 구워낸 후 코코넛 파우더를 한 번 더 묻히지 않아도 상관 없어요.

영양정보

* 오리고기는 불포화지방산이 풍부해 영양보충으로 좋은 보양식입니다.
기력 강화와 피부, 털, 발톱 건강에 좋으며 콜레스테롤을 낮추어
혈관질환 예방, 혈관 강화에 효과가 있습니다.

* 코코넛은 코코넛의 하얀 속살을 말려서 가공한 분말가루로 산화방지 성분인
비타민E가 함유되어 피부노화를 예방하고 피부염, 모질에 좋습니다.
코코넛의 고유의 풍미가 있어 강아지 베이킹 간식이나 토핑으로 많이 사용됩니다.

나의 반려견에게 필요한

6 뼈를 튼튼히 하는 간식

강아지를 키우고 있다면 강아지의 관절, 뼈 건강의 중요성은 너무나 잘 알고
계실 거예요. 칼슘이 부족하면 골다공증 및 뼈 건강에 이상이 생기게 되고 활동에
지장을 초래하게 되죠.
한번 망가진 연골은 완치가 어렵기 때문에 평소에 관리가 중요하답니다.
관절 영양제를 섭취하거나 칼슘이 풍부한 음식을 통해서 보충해주는 것이 좋아요.
칼슘, 철분이 많이 함유된 고단백의 재료를 이용한 간식 레시피를 소개합니다.

❶ 디포리 두부 파운드 / ❷ 메추리 육포 / ❸ 멸치 두부 건빵 / ❹ 삼색 치즈 경단 / ❺ 시금치 치즈 동그랑땡

디포리 두부 파운드

뼈를 튼튼하게 하는 고단백 두부 파이 위에 먹음직스러운 디포리를 통째로 올려 구워냈어요.
검은콩과 마른 표고버섯을 다져 넣은 영양가 높은 파운드예요. 보기에도 좋아 선물용이나 특별한 날에
만들어도 좋답니다. 정성과 사랑이 담긴 파이 간식을 만들어보세요.

재료 준비

두부 120g / 디포리 6마리 / 불린 검정콩 20g / 마른 표고버섯 5g / 데친 참치 90g /
쌀가루 100g / 달걀 1개 / 우유 5큰술 / 올리브 오일 2큰술 / 검은깨 약간

★ 완성 314g / 180℃ 오븐 25분 굽기

만들기

❶ 디포리는 깨끗한 물에 1시간 이상 담가 염분을 빼고 준비해둔다.

❷ 통조림 참치는 기름을 따라 버리고 끓는 물에 데쳐 염분과 기름을 제거하고 체에 걸러 물기를 뺀다.

❸ 두부는 끓는 물에 데쳐 염분을 제거한 후 면 보자기에 싸서 물기를 제거한다.

❹ 불린 검은콩과 마른 표고버섯은 잘게 썬다.

❺ 볼에 달걀 1개를 풀고 우유, 올리브 오일을 넣고 섞는다.

❻ 달걀 물에 준비해둔 두부와 참치, 다진 검은콩과 표고버섯을 모두 넣고 섞는다.

❼ ⑥에 쌀가루를 체에 내려 더한 후 주걱으로 섞어 반죽을 만든다.

❽ 파운드 틀에 올리브 오일을 바른다.

❾ 오일을 바른 틀에 반죽을 붓고 검은깨를 뿌린 후 염분을 뺀 디포리를 위에 차례대로 얹고 180℃ 오븐에서 25분간 구워낸다.

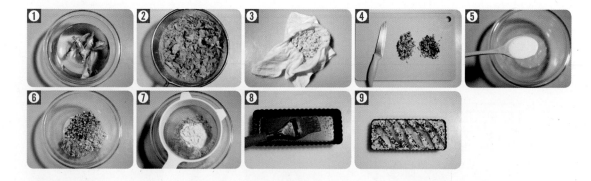

쿠킹 TIP

★ 파이 속 참치는 빼고 두부만 넣어도 담백한 파이를 만들 수 있어요.

단, 참치를 넣지 않게 되면 수분이 많아서 쌀가루의 함량을 늘려야 해요.

★ 참치 대신 다진 닭 가슴살, 오리고기 등 다른 육류를 넣어보세요.

영양정보

* 두부는 저 열량 고단백식품으로 콩의 영양소를
온전히 섭취할 수 있는 우수한 단백질 공급원입니다.
골다공증을 예방하는 이소플라본과 뼈를 튼튼하게 하는 칼슘이
다량 함유되어 있으며 필수 아미노산뿐만 아니라 철분, 무기질이 풍부합니다.

* 디포리는 칼슘, 철분 성분이 함유되어 골다공증 예방 및 피부미용,
체력 증진 효과가 있습니다.

* 참치는 저지방 고단백 식품으로 DHA, EPA, 셀레늄 등을 함유하여
뇌세포 활성, 관절 건강, 면역력 상승 기능이 있습니다.

메추리 육포

영양이 가득한 메추리 한 마리를 통으로 건조시켜 바삭바삭한 메추리 육포로 만들었어요,
뜯어 먹는 재미가 있어 스트레스도 날려버리는 즐거운 간식 시간이 될 거예요.
뼈가 단단하지 않고 쉽게 부스러져서 소형견도 먹기에 좋은 육포 간식이랍니다.
메추리 육포 하나면 맛있고 재미있게 관절 건강을 챙길 수 있어요.

●● 재료 준비

메추리 **5마리** / 식초 **50ml**

●● 만들기

❶ 메추리를 찬물에 담가 핏물을 뺀다.

❷ 메추리에 붙어있는 지방과 내장을 제거하고 날개 끝을 잘라낸다.

❸ 손질한 메추리는 식촛물에 담가 20분 정도 소독한다.

❹ 식품건조기 트레이 위에 메추리를 올리고 60℃에서 9시간 건조한다.

●● 쿠킹 TIP

★ 건조 시간은 기호에 따라 조절하세요.

영양정보

* 메추리는 단백질, 지방, 칼슘, 비타민이
함유되어 있으며
오장육부를 튼튼하게 하고 뼈와 근육을 강하게 하는
기력강화 식품입니다.
그밖에도 산후회복, 빈혈, 설사, 소화불량에도 효과가 있습니다.

뼈를 튼튼히 하는 간식

멸치 두부 건빵

성장기 강아지는 물론 노령견까지 챙겨 먹여야 하는 칼슘 덩어리 멸치로 만든 쿠키랍니다.
콕콕콕 구멍을 내어 진짜 건빵 모양으로 만들었어요.
멸치의 풍미와 두부의 담백함이 어우러져 고소합니다.

재료 준비

두부 **22g** / 멸치파우더 **25g** / 우유 **50ml** / 쌀가루 **80g** / 올리브 오일 **2큰술**
★ 180℃오븐 25분 굽기
★ 멸치 파우더 만드는법 ★ 240P 참고

만들기

❶ 볼에 쌀가루와 멸치 파우더를 넣고 섞는다.

❷ 올리브 오일과 우유를 넣고 주걱으로 고루 섞는다.

❸ 두부는 끓는 물에 10분간 데쳐 염분을 제거하고 면보에 싸서 물기를 제거한다.

❹ ②에 염분을 제거한 두부를 넣고 반죽한다.

❺ 반죽이 한 덩어리로 뭉쳐지면 비닐에 넣고 냉장고에 30분 휴지 시킨다.

❻ 휴지 시킨 반죽을 꺼내어 3~4mm 두께가 되도록 밀대로 민다.

❼ 3cm폭으로 자른 반죽을 포크로 찍어 모양을 낸다.

❽ 시트를 깐 오븐 팬 위에 반죽을 올리고 180℃오븐에서 25분 구워낸다.

쿠킹 TIP

★ 우유를 소화하지 못하는 강아지는 소화가 잘 되는 산양유나 유당이 첨가되지 않은 강아지 전용 우유를 사용하세요.

영양정보

*멸치 파우더는 멸치가 가지고 있는
저지방 고칼슘, 각종 무기질, 오메가3 지방산, 타우린 등의
함량을 그대로 가진 멸치를 분쇄한 분말가루입니다.

삼색 치즈 경단

치즈를 동글게 빚어 연어, 멸치, 코코넛 세 가지의 가루를 묻힌 모양이 삼색경단 같아요.
뼈를 튼튼하게 해주는 재료들만 사용해서 맛과 영양이 풍부하지요.
코티지 치즈에 가루만 묻혀내면 되는 간단한 조리법이랍니다.
부드럽고 먹기 좋은 간식으로 이만한 게 없답니다.

재료 준비

우유 **1,000ml** / 멸치 파우더 / 연어 파우더 / 코코넛 가루

★ 완성 **150g**, 경단 **12개**
★ 멸치 파우더 만드는법 ★ 240p 참고
★ 연어 파우더 만드는법 ★ 248p 참고
★ 코티지 치즈 만드는 법 ★ 252p 참고

만들기

❶ 냄비에 우유를 붓고 끓이다 끓어오르면 식초를 넣고 덩어리지면 면 보자기에 걸러 내어 코티지 치즈를 만든다.

❷ 코티지 치즈는 한 입 크기 정도로 떼어 낸 후 비닐에 위에 올리고 돌돌 말아 단단하고 둥글게 빚는다.

❸ 코코넛 가루, 멸치 파우더, 연어 파우더를 각각 준비한다.

❹ 치즈를 굴려가며 각각 멸치, 연어, 코코넛 파우더에 묻힌다.

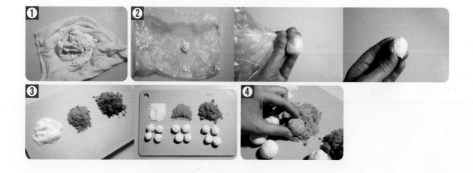

쿠킹 TIP

★ 멸치 파우더, 연어 파우더는 한 번 만들어 놓으면 다양한 강아지 간식에 사용하기 좋은 재료예요.

영양정보

* 우유는 단백질과 칼슘, 비타민, 미네랄, 철분 등이
풍부하게 들어있습니다. 특히 칼슘의 체내 흡수율이 좋습니다.
그러나 우유에 들어있는 유당을 소화하기 어려운 강아지가 많습니다.
설사와 복통을 일으킬 수 있는 락토오스 성분이 들어있지 않은
강아지 전용 우유나 소화가 잘되는 산양유를 사용하는 것이 좋습니다.

시금치 치즈 동그랑땡

철분이 풍부한 녹황색 야채인 시금치를 이용해 만든 간식이예요.
시금치를 갈아서 고구마로 반죽하고 치즈를 얹어 동그랑땡 모양으로 건조했어요.
시금치를 싫어하는 강아지도 고구마의 달콤함과 치즈의 고소함 때문에 좋아하게 된답니다.

● 재료 준비

시금치 **40g** / 우유 **500ml**(코티지 치즈 **65g**) / 고구마 **240g**

★ 완성 205g, 동그랑땡 14개

● 만들기

❶ 잘 익은 고구마를 볼에 넣고 으깨어 둔다.

❷ 냄비에 우유를 붓고 끓이다 거품이 나기 시작하면 식초를 넣는다.

❸ 우유가 몽글몽글 덩어리지기 시작하면 불을 끄고 면 보자기에 내려 물기를 뺀다.

❹ 완성된 치즈는 손끝으로 조물조물 뭉쳐서 소보로 상태가 되도록 만든다.

❺ 믹서에 살짝 데친 시금치를 넣고 곱게 갈아준다.

❻ ①에 으깬 고구마와 믹서에 간 시금치를 붓고 섞어 반죽을 만든다.

❼ 반죽을 동글납작하게 빚는다.

❽ 둥글납작하게 빚은 반죽에 소보로 형태로 만들어 둔 치즈를 골고루 묻힌다.

❾ 식품 건조기 트레이 위에 올리고 65℃에서 7시간 건조한다.

● 쿠킹 TIP

★ 코티지치즈를 묻히지 않고 고구마와 시금치 반죽에 넣고 만들면 좀 더 간편하게 만들 수 있어요.

＊ 시금치는 비타민과 미네랄, 철분이 풍부한 녹황색 채소입니다. 피부와 점막, 눈 건강, 성장발육, 빈혈에 좋으며 뼈와 이를 튼튼하게 합니다.

＊ 고구마는 수분과 식이섬유, 비타민C가 풍부하여 변비와 다이어트에 효과적인 뿌리채소입니다.

＊ 달달한 맛 때문에 강아지들이 좋아하는 식재료 중 하나입니다.

나의 반려견에게 필요한

7 면역력 강화, 암 예방 간식

사람과 마찬가지로 강아지도 나이가 들면 많이 발생하는 질병 중의 하나가
암이라고 해요.
외국에서는 강아지 사망률에 암이 가장 큰 부분을 차지한다고 하네요.
암에도 여러 종류가 많으며 다양한 검사를 통해 적절한 치료를 받는 것이 가장
중요하지요. 특히 면역력 관리는 중요해요. 면역력은 암 예방뿐만 아니라 모든
질병을 예방할 수 있기 때문이죠.
항산화 작용을 발휘하고 체내에 유독물질을 해독하거나 면역력을 높여주는
다양한 식재료를 사용해서 면역력과 암 예방에 도움이 될 수 있는
간식을 만들어 보세요.

❶ 단호박 야채 만주 / ❷ 닭 안심 표고버섯 미니머핀 / ❸ 소고기 범벅 칩 / ❹ 야채 크래커 / ❺ 연어 퀴노아·렌틸콩 범벅

단호박 야채 만주

건강한 재료들로 동글동글 노란 만주 간식을 만들었어요.
활성화 산소를 제거, 암 예방 효과가 있는 단호박과 들깨가루를 넣고 반죽을 만들고
만주에 들어가는 앙금 대신 닭 안심과 아스파라거스, 당근, 연어를 넣고 속을 가득 채웠답니다.
세 가지의 다른 속 재료를 사용해서 먹는 재미가 있는 건강하고 맛있는 간식이에요.

재료 준비

반 죽 : 단호박 **190g** / 들깨가루 **15g** / 쌀가루 **15g**
속재료 : 닭 안심 **60g** / 연어 **10g** / 당근 **10g** / 아스파라거스 **10g**
★ 완성 **235g**, 만주 **6개** / 오븐 180℃ 25분 굽기

만들기

❶ 볼에 찐 단호박을 으깬다.

❷ 으깬 단호박에 들깨가루, 쌀가루를 넣고 섞어 반죽을 만든다.

❸ 완성된 반죽을 6등분하여 둥그렇게 뭉친다.

❹ 당근, 아스파라거스는 다진 후 살짝 볶아 준비하고 연어는 염분을 제거한 후 다져 준비한다.

❺ 세 개의 그릇에 당근, 아스파라거스, 연어를 각각 담고 닭 안심을 20g씩 나누어 넣고 섞는다.

❻ 단호박 반죽을 손으로 만져가며 소를 채울 공간을 만든다.

❼ 반죽 중앙에 세 가지의 소를 하나씩 올려 보자기 싸듯 잘 꼬집어 여민다.

❽ 유산지나 데프론시트를 깐 오븐 팬 위에 간격을 띄우고 반죽을 올린다.

❾ 반죽 위에 달걀 노른자 물을 고루 발라 180℃에서 25분 구워낸다.

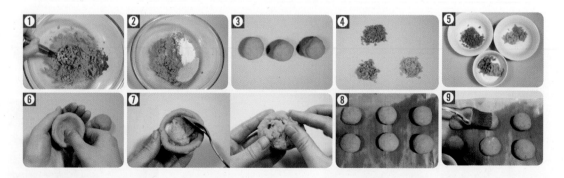

쿠킹 TIP

★ 반죽을 오븐 팬에 올릴 때 반죽을 여민 부분이 아래로 가도록 놓으세요.

★ 달걀 물을 바를 때 달걀의 농도가 너무 진하면 색이 타게 나오니 주의하세요.

★ 한 가지의 속 재료만 사용해도 좋아요!

영양정보

* 단호박은 비타민이 풍부하게 들어있어 피부 건강, 눈 건강에 좋으며 감기와 같은
감염증의 예방과 개선에 효과적이고 활성산소를 제거하여 암을 예방합니다.

* 들깨가루는 오메가3, 비타민이 풍부하여 동맥경화, 혈관질환을
예방, 피부 미용, 노화 방지에 좋으며 항암 효과가 있습니다.

* 아스파라거스는 비타민과 칼슘, 인, 칼륨 등 무기질이 함유되어
혈관 강화, 노화 방지, 고혈압 예방과
* 개선에 도움이 되며 식물섬유가 풍부해 다이어트 식품으로도 좋습니다.

닭 안심 표고버섯 미니머핀

면역력 지킴이라 불리는 표고버섯을 듬뿍 넣고 먹기 좋은 크기로 만든 미니 머핀이예요.
표고버섯은 그냥 먹으면 버섯 특유의 향 때문에 좋아하지 않는 강아지가 많아요.
부드러운 닭 안심 속에 표고버섯을 다져넣고 오븐에 구워내면
고기의 풍미가 짙어져 표고버섯까지 맛있게 먹을 수 있어요.

재료 준비

단호박 **200g** / 말린 표고버섯 **10g** / 쌀가루 **25g** / 달걀 **1개** / 올리브 오일 **1큰술**
★ 완성 **266g**, 미니머핀 9개 / 오븐 180℃ 20분 굽기

만들기

❶ 물에 불린 표고버섯은 마른 팬에 살짝 볶아 낸다.

❷ 닭 안심은 곱게 다진다.

❸ 볼에 달걀 1개를 풀고 볶은 표고버섯, 다진 닭 안심을 넣고 섞는다.

❹ ③에 쌀가루를 체에 내려 가루가 보이지 않도록 잘 섞어 반죽을 만든다.

❺ 틀에 올리브오일을 바른다.

❻ 틀에 반죽을 90%정도 채워 담고 180℃오븐에서 20분 구워낸다.

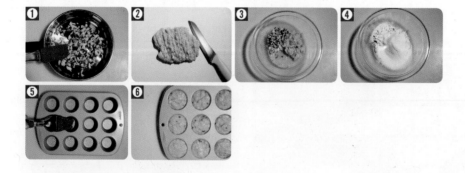

쿠킹 TIP

★ 말린 표고버섯이 단백질과 비타민D 함량이 더 높아요. 말린 표고버섯을 물에 불려 사용하세요.

★ 표고버섯의 식이섬유가 고기의 콜레스테롤의 흡수를 지연시켜 주기 때문에 닭 안심 외에 다른 고기를 사용해도 좋아요.

영양정보

* 표고버섯은 비타민, 미네랄, 식이섬유가 풍부합니다.
특히 비타민D가 풍부해 장 건강, 골다공증 예방, 뼈 건강에 좋으며
면역력 향상 빈혈 예방, 혈액순환 촉진, 염증 치료에 도움을 줍니다.

* 닭 안심은 지방의 함량이 거의 없는
고단백 저칼로리의 대표적인 부위입니다.
지방과 콜레스테롤이 매우 낮아 담백한 맛이 나며
육질이 부드러운 것이 특징입니다.

소고기 범벅 칩

면역력은 성장 활성과 방어 능력을 유지해 주는 대표적인 건강지표랍니다.
고단백 소고기와 면역력 강화에 좋은 채소를 사용한 간식을 만들었어요.
면역력이 좋으면 각종 질병으로부터 건강하게 성장할 수 있도록 도와준답니다.

재료 준비

간 소고기 **150g** / 당근 **40g** / 브로콜리 **40g** / 멸치 파우더 **10g** / 올리브 오일 **1큰술**

★ 완성 **60g**, 식품건조기 70℃ 10시간 건조

만들기

❶ 브로콜리는 살짝 데치고 당근과 함께 잘게 썬다.

❷ 잘게 자른 당근은 프라이팬에 살짝 볶아 익힌다.

❸ 소고기는 다져 준비하거나 간 소고기를 사용한다.

❹ 볼에 볶은 당근, 브로콜리, 소고기를 넣고 반죽한다.

❺ 반죽에 멸치 파우더를 더해 섞어준다.

❻ 반죽은 지퍼백이나 비닐에 넣어 평평하고 납작하게 만든 뒤 냉동고에 1시간 이상 넣어 얼린다.

❼ 얼린 반죽을 사다리꼴 모양이 되도록 칼로 자른다.

❽ 식품건조기 트레이 위에 종이 호일을 깔고 반죽을 올려 70℃ 에서 10시간 건조시킨다.

쿠킹 TIP

★ 브로콜리는 꽃송이보다 줄기부분에 비타민 A, C의 함량이 많아요. 줄기부분까지 잘게 다져서 사용하세요.

★ 당근은 껍질에 베타카로틴과 단맛이 들어있어요. 깨끗이 씻어서 껍질째 사용해보세요.

영양정보

* 소고기는 고단백 식품으로 성장 발육, 성장 촉진, 회복기 강아지에게 좋습니다.

* 브로콜리는 풍부한 비타민으로 피부 미용, 노화 예방에 효과적이며
  감기를 예방하고 면역력을 높여줍니다.

* 당근은 베타카로틴이 풍부하게 들어있어 면역력을 높이고
  암 예방, 피부 미용, 노화 방지, 눈 건강을 유지하는 효과가 있습니다.

야채 크래커

면역력 증진에 좋은 베타카로틴이 많이 함유된 야채로 바삭한 쿠키를 만들었어요.
노란 단호박 속에 건강한 야채가 쏙쏙 박힌 크래커랍니다. 황태 파우더를 첨가해서 기호성을 높여 야채를
안 먹는 강아지도 걱정 없답니다! 산책할 때나 외출할 때 간편하게 줄 수 있어 더욱 좋아요.

● 재료 준비

단호박 **70g** / 현미가루 **120g** / 당근 **30g** / 브로콜리 **30g** / 바질 **1작은술** /
황태가루 **1큰술** / 올리브오일 **1큰술** / 달걀 **1개**

★ 완성 크래커 **20개**, 오븐170℃ 25분 굽기

● 만들기

❶ 단호박은 껍질을 벗기고 쪄서 으깨어 준비한다.

❷ 데친 브로콜리와 당근은 잘게 다진다.

❸ 볼에 달걀 1개를 풀고 올리브 오일을 넣어 준다.

❹ 달걀 물에 으깬 단호박과 잘게 다진 브로콜리, 당근, 황태 파우더를 넣고 섞다가 바질을 더해 한 번 더 섞는다.

❺ ④에 현미가루를 체에 내려 넣고 주걱으로 섞는다.

❻ 반죽을 한 덩어리로 뭉치고 비닐에 담아 냉장고에서 30분 휴지 시킨다.

❼ 휴지 시킨 반죽을 꺼내 밀대로 두께가 0.5cm정도가 되도록 균일하게 민다.

❽ 밀어낸 반죽을 쿠키 커터로 찍어낸다.

❾ 시트를 깐 오븐 팬 위에 반죽을 올리고 포크를 이용해 가운데 구멍을 내어 준 뒤 170℃ 오븐에서 25분 구워낸다.

● 쿠킹 TIP

★ 바질은 베타카로틴 성분이 함유되어 면역력을 높여주며 항산화 효과가 있는 향신료예요. 하지만 향기가 강하기 때문에
바질 냄새를 좋아하지 않는다면 넣지 않는 것이 좋아요.

영양정보

＊단호박은 비타민, 무기질, 식이섬유, 베타카로틴이 풍부하게 들어있어
눈 건강, 감기 예방, 피부와 노화 방지, 암 예방, 면역력 증진에 좋습니다.

＊현미는 식이섬유가 많아 다이어트에 좋으며 프로테아제 방지제가 함유되어
암 진행을 늦춰주는 효과가 있습니다.

연어 · 퀴노아 & 렌틸콩 범벅

면역력 강화에 좋으며 풍부한 영양소를 가지고 있어 슈퍼 푸드로 손꼽히는 연어, 퀴노아, 렌틸콩을
사용해 만든 영양만점 간식이예요.
칼로리가 낮고 오메가3가 풍부한 연어에 퀴노아와 렌틸콩으로 버무려 담백하게 구워냈습니다.
면역력에 좋은 간식으로 건강을 챙겨주세요.

재료 준비

연어 **326g** / 퀴노아 **15g** / 렌틸콩 **10g**
★ 완성 **293g**, 연어 **16조각**

만들기

❶ 연어는 염분 제거를 위해 찬물에 30분 정도 담근 후 껍질을 벗기고 4×3cm 크기로 자른다.

❷ 렌틸콩과 퀴노아는 물에 담가 불려 놓는다.

❸ 불린 렌틸콩과 퀴노아를 연어에 고루 묻힌다.

❹ 유산지를 깐 오븐 팬에 연어를 올리고 180℃에서 25분 굽는다.
   구워진 연어 위에 파슬리를 뿌려 토핑한다.

쿠킹 TIP

★ 훈제연어는 사용하지 않는 것이 좋습니다.

★ 렌틸콩은 잘게 다져서 연어에 묻히면 더 잘 붙어요.

영양정보

* 퀴노아는 다양한 영양소를 고루 지닌 슈퍼푸드로 불리는 고단백 식품입니다.
단백질, 비타민, 칼슘, 무기질, 필수아미노산이 풍부합니다.
또한 사포닌이 다량 함유되어 면역력 강화와 항암작용에 효과가 있고
식이섬유가 풍부해 소화촉진, 다이어트에 좋습니다.
글루텐이 없어 곡물 알레르기가 있는 강아지도 섭취할 수 있습니다.

* 렌틸콩은 식이섬유, 칼륨, 엽산, 철분, 비타민B 등 다양한 영양소가
함유된 고단백 저칼로리 식품입니다.
콜레스테롤 수치를 낮추고 항산화기능, 면역력증강, 노화방지 등의 효과가 있습니다.

* 연어는 오메가3, EPA, DHA, 비타민이 풍부하게 함유되어 동맥경화,
암 예방에 좋으며 피부 미용, 노화 예방, 성장, 골다공증에도 좋습니다.

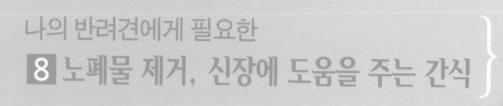

몸속 노폐물의 독소는 장, 간, 폐 등 해독기관을 통해 몸 밖으로 배출되어집니다.
하지만 제대로 배출되지 못한 채 몸 안에 쌓이게 되면 각종 질병을
유발하게 된답니다.

강아지는 아무거나 먹는 습성이 있어 몸속에 노폐물이 쌓일 가능성이 높은 편이예요.
노폐물 배출에 도움이 되는 음식을 섭취하면 쌓인 독소로부터 생기는 질병을
예방할 수 있습니다.
노폐물을 배출하고 신장 기능에 좋은 재료를 이용한 영양 간식 레시피를 소개합니다.

❶ 늙은 호박 수수부꾸미 / ❷ 소고기 우엉 소세지 / ❸ 양고기 사과 조림 / ❹ 오트밀 죽 / ❺ 팥 소간 양갱

늙은 호박 수수부꾸미

소고기 소를 넣고 반달 모양으로 빚어 지진 부꾸미 간식이에요.
늙은 호박의 달달함과 소고기의 고소함의 조화가 좋아요.
별미간식으로 만들어 보세요.

재료 준비

늙은 호박 **170g** / 소고기 **100g** / 쌀가루

★ 완성 **326g**, 부꾸미 **7개**

만들기

❶ 늙은 호박은 속의 씨를 긁어내고 껍질을 벗기고 적당한 크기로 썬다.

❷ 믹서에 자른 호박을 넣고 곱게 간다.

❸ 믹서에 쌀가루와 간 호박을 붓고 물을 조금씩 추가해 가며 되직한 농도로 반죽한다.

❹ 약한 불로 달군 팬에 올리브유를 살짝 두르고 키친타월로 고루 펴 바른 뒤 반죽을 한 스푼 떠 얹어 둥글납작하게 모양을 잡는다.

❺ 팬에 다진 소고기를 넣고 살짝 볶아 소를 만든다.

❻ 반죽 한쪽 면이 익으면 준비한 소고기 소를 가운데 올린다.

❼ 소를 넣고 반으로 접은 뒤 숟가락을 이용해 부꾸미 끝이 벌어지지 않도록 모양을 잡아주면서 익힌다.

쿠킹 TIP

★ 코코넛 오일을 사용하면 더욱 좋아요.

★ 소고기 대신 다른 육류도 사용해보세요.

영양정보

＊늙은 호박은 카로틴과 비타민C, 칼륨, 레시틴이 풍부하게 들어 있으며
이뇨 작용과 노페물 배출, 해독 작용이 뛰어납니다.
그밖에도 노화 방지, 피부 미용, 면역력 향상, 항암효과가 있습니다.

소고기 우엉 소시지

신장에 좋은 효능을 가진 우엉을 사용했어요.
우엉과 당근, 소고기로 반죽한 후 소시지 모양으로 만든 부드럽고 영양만점 간식이예요.
신장에 도움을 주는 재료를 사용하면 신장질환을 예방하는데 도움이 된답니다.

재료 준비

소고기 **210g** / 마른 표고버섯 **25g** / 우엉 **22g** / 파프리카 **35g** / 쌀가루 **20g** / 파슬리 약간

★ 완성 275g

만들기

❶ 말린 표고 버섯은 미리 불려놓는다.

❷ 껍질을 벗겨낸 우엉과 파프리카, 불린 표고버섯을 잘게 썬다.

❸ 볼에 소고기는 다져 넣고 잘게 썬 우엉과 표고버섯 파프리카를 넣고 섞는다.

❹ 여기에 파슬리를 더해 버무린다.

❺ ④에 쌀가루를 넣고 치대어 반죽을 만든다.

❻ 도마 위에 랩을 깔고 반죽을 올린다.

❼ 랩을 돌돌 말아 모양을 잡고 양쪽 끝을 묶는다.

❽ 찜기에 말아둔 반죽을 올리고 20분간 찐다.

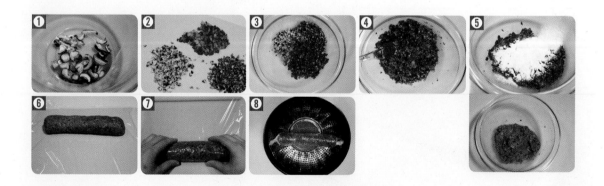

쿠킹 TIP

★ 채소는 다지지 않고 믹서로 갈면 조리시간을 단축할 수 있지만 수분이 많아 쌀가루 양을 늘려주어야 해요.

★ 환경 호르몬이 나오지 않는 종이호일을 사용하면 더 좋아요. 모양잡기가 어렵다면 랩을 이용하세요.

★ 찜기에 쪄서 부드럽게 먹거나 프라이팬에 올리브오일을 두르고 노릇하게 구워 주어도 좋아요.

영양정보

* 우엉은 이눌린이 함유되어 신장 기능을 향상시키고
체내에 쌓인 노폐물로 인한 질병과 증상에 효과가 있습니다.
그밖에도 식이섬유가 풍부하여 배변 촉진, 콜레스테롤, 발암물질 등의
유해물질을 배출시켜줍니다.

* 말린 표고버섯은 비타민D가 다량 함유되어 골다공증, 골격 형성에 좋으며
식이섬유가 풍부해 성인병 예방에 좋습니다.

양고기 사과 조림

사과 과육에 양고기를 조려낸 입맛 도둑 간식이랍니다.
부드럽고 달짝지근한 맛이 좋아 어린 강아지부터 성견까지 간식으로 좋아요.
신장 세포 보호와 신장 기능 개선에 좋은 오메가3가 함유된 연어 오일을 첨가했어요.
사료에 슥슥 비벼 주어도 정말 잘 먹는답니다.

재료 준비

사과 간 것 **90g** / 사과 **50g** / 양고기 **110g** / 연어 오일 **1큰술**

★ 완성 **154g**

만들기

❶ 사과는 껍질을 벗겨 믹서에 곱게 갈아 냄비에 붓는다.

❷ 간 사과를 부은 냄비에 연어 오일을 넣고 끓인다.

❸ ②끓으면 적당한 크기로 자른 양고기를 넣고 센 불에서 끓인다.

❹ 남은 사과를 먹기 좋은 크기로 자른다.

❺ 냄비가 끓으면 한입 크기로 자른 사과를 넣는다. 중약 불로 줄인 다음 국물이 거의 없어지도록 졸인다.

쿠킹 TIP

★ 연어 오일이 없다면 코코넛 오일을 사용하거나 넣지 않아도 무방합니다.

영양정보

* 양고기는 철, 비타민, 필수아미노산이 포함된 단백질 함량이 많은 식품입니다.
  몸을 따뜻하게 하는 효과가 있으며 비장과 위를 튼튼히 하며
  원기 충전, 콜레스테롤 감소, 장내 해독 및 살균, 이뇨, 체지방 연소, 설사에 좋습니다.

* 사과는 식물섬유인 펙틴이 위장의 활동을 원활하게 하고 유해물질을 제거,
  혈중 콜레스테롤 수치를 낮추는 작용을 합니다. 또한 항산화작용을 하여
  신장병, 동맥경화 같은 질환에도 효과가 있습니다.

* 연어 오일은 오메가3 지방산으로 신장세포를 보호하고
  신장 기능을 개선하는데 도움을 줍니다.

오트밀 죽

고소하고 달콤한 오트밀 죽이예요.
다양한 토핑을 넣고 즐길 수 있답니다.
평소 반려견이 좋아하는 재료를 넣어보세요.

재료 준비

오트밀 **50g** / 무가당 두유 **380ml** / 꿀 **1큰술**

만들기

❶ 무가당 두유와 오트밀을 준비한다.

❷ 냄비에 두유를 붓고 오트밀을 넣는다.

❸ 센 불에서 끓이다 약불로 줄이고 눌어 붙지 않도록 계속 저어가면서 끓인다.

❹ 찰기가 생기고 꾸덕꾸덕해지면 꿀 1스푼을 넣고 잘 섞어 마무리한다.

❺ 그릇에 오트밀 죽을 담아내고 말린 딸기 칩과 크렌베리를 올린다.

쿠킹 TIP

★ 반려견이 좋아하는 재료를 사용해서 토핑해보세요.

* 오트밀은 나트륨에 대한 길항작용을 갖는 칼륨 함량이 많아
고혈압, 동맥경화, 심장병, 신장에 부담을 주는 것을
예방하는 효과가 있습니다.

팥 소간 양갱

강아지를 위한 양갱 디저트 간식이랍니다.
이뇨작용에 좋은 팥에 소간 파우더를 첨가해 기호성을 높였어요.
소간의 고소함이 느껴지는 수제 양갱이랍니다.

● ● **재료 준비**

팥 30g / 소간 파우더 10g / 한천 3g / 물 200ml

● **만들기**

❶ 팥은 찬물에 3시간 이상 담가 불린 후 냄비에 팥과 물을 자작하게 넣고 끓인다.

끓어오르면 첫물은 따라 버리고 다시 물 20ml를 붓고 푹 익을 때까지 삶는다.

❷ 팥이 익으면 주걱으로 덩어리지지 않도록 으깬다.

❸ 불린 한천을 넣어 섞은 뒤 약한 불에서 천천히 저어가며 한천을 녹인다.

(한천가루는 물에 넣고 미리 불려 놓는다.)

❹ 뭉침 없이 다 풀어지면 소간 파우더를 넣고 1분간 저어가며 더 끓인다

❺ 틀에 붓고 냉장고에서 2시간 이상 굳힌다.

● **쿠킹 TIP**

★ 팥은 껍질과 삶아 낸 물에 사포닌이 많이 함유되어 있어요. 삶은 물은 버리지 말고 그대로 사용하세요.

★ 신장에 좋은 꿀 한 숟가락 첨가해 단맛을 가미해보세요.

★ 소간 파우더가 없다면 기호성을 높일 수 있는 다른 재료로 대체 가능해요.

영양정보

*팥은 영양가가 높고 비타민, 미네랄, 식물섬유, 안토시아닌이 풍부합니다.
사포닌을 함유하고 있어 체내의 수분을 조절하여
이뇨작용, 콜레스테롤 저하, 신장병, 심장병, 변비 해소, 부종, 지방 감소 효과가 있습니다.

*소간은 미네랄과 비타민이 풍부한 고단백 식품입니다.
간 기능을 원활하게 도우며 간 손상과 눈 보호에 좋습니다.

*한천은 우뭇가사리를 이용해 만든 것으로 혈당 증가를 억제하여 당뇨병에 좋으며
식이섬유가 풍부하여 변비, 다이어트에 좋습니다.

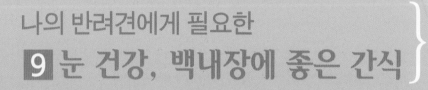

나의 반려견에게 필요한

9 눈 건강, 백내장에 좋은 간식

백내장은 눈의 수정체가 단백질로 인해 혼탁해져 시력을 잃게 되는 질병입니다.
강아지 백내장은 유전, 당뇨, 노령 등의 다양한 원인으로 나타납니다.
안토시아닌은 항산화제가 풍부하며 체내의 활성산소가 과다하게 생성되는 것을
방지해 질병을 막아준답니다.
눈 건강에 좋은 비타민A와 안토시아닌이 함유된 재료를 사용해서 백내장을 예방하고
눈 건강을 돕는 레시피를 준비했습니다.

❶ 단호박 전 / ❷ 블루베리 치즈 스틱 / ❸ 삼색 테린 / ❹ 소간 육포 / ❺ 장어 말랭이 / ❻ 채소 · 과일 후레이크

단호박 전

노란 단호박을 맛있게 구워냈어요.
단호박 특유의 향과 달콤함을 느낄 수 있는 쫄깃쫄깃 촉촉한 전이예요.
부드러운 닭 안심을 더해 영양도 풍부하답니다.

● 재료 준비

단호박 **200g** / 닭 안심 **100g** / 쌀가루 **50g**

★ 완성 **300g**, 단호박 전 **8개**

● 만들기

❶ 단호박은 껍질을 벗기고 쪄낸 후 적당한 크기로 자른다.

❷ 믹서에 찐 단호박을 넣고 곱게 간다.

❸ 닭 안심은 곱게 다진다.

❹ 볼에 다진 닭 안심과 믹서에 간 단호박, 쌀가루를 넣고 고루 섞어 반죽을 만든다.

❺ 팬에 올리브오일을 살짝 두르고 한입 크기로 반죽을 떠 올리고 중불에서 앞뒤로 부친다.

● 쿠킹 TIP

★ 닭 안심을 넣지 않고 단호박으로만 만들어 주어도 좋아요.

★ 팬에 기름을 두를 때는 올리브오일이나 카놀라유를 사용하는 것이 좋아요.

영양정보

* 단호박은 비타민A(베로카로틴)이 풍부하게 들어있어
눈 건강, 눈의 피로, 감기에 효과적이며 피로와 노화 방지에 좋습니다.
달콤한 맛이 좋아 고구마와 같이 강아지 간식에 많이 쓰이는 재료입니다.

* 닭 안심은 지방의 함량이 거의 없는 고단백 저칼로리의 대표적인 부위로
담백한 맛이 좋아 강아지 간식재료로 많이 사용됩니다.

블루베리 치즈 스틱

눈의 피로를 회복시키는 안토시아닌이 풍부한 블루베리에 직접 만든 수제 치즈를 섞은 스틱이에요.
건조해서 만들어 치즈의 고소한 풍미가 더 진하답니다.
치즈와 새콤달콤한 블루베리의 조화가 잘 어울리는 간식이랍니다.

재료 준비

블루베리 **80g** / 우유 **1,000ml**

★ 완성 **96g**, 스틱 **8개** / 식품건조기 65℃ 8시간 건조

만들기

❶ 냄비에 우유를 붓고 끓이다 거품이 나기 시작하면 식초를 넣는다.

❷ 우유가 몽글몽글 덩어리지기 시작하면 불을 끄고 면 보자기에 내린다.

❸ 면보를 잡고 물기를 두어 번 짜내어 준다.

❹ 믹서나 핸드 블렌더를 이용해 블루베리를 곱게 간다.

❺ 볼에 만들어 둔 코티지치즈와 곱게 간 블루베리를 넣고 주걱으로 섞는다.

❻ ⑤를 지퍼백이나 비닐에 평평하고 펴넣고 냉동실에서 살짝 얼린다.

❼ 살짝 언 반죽을 폭2cm으로 길게 자른다.

❽ 식품건조기 트레이 위에 반죽을 올리고 65도에서 8시간 건조한다.

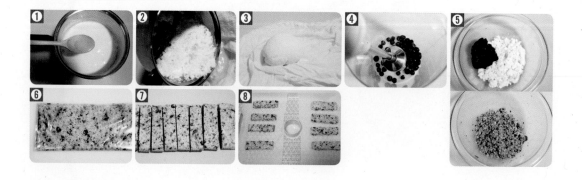

쿠킹 TIP

★ 블루베리의 씹히는 식감을 원하면 다져서 넣으세요.

★ 반죽은 냉동고에 얼려서 잘라야 깨끗하게 잘라낼 수 있어요.

영양정보

* 블루베리는 안토시아닌이 풍부해 망막의 혈액 순환을 원활하도록 합니다.
노안, 백내장, 시력저하, 눈의 피로를 회복시켜줍니다.
또한 저지방으로 식이섬유가 풍부하고 항산화 작용이 우수하여
암, 심장 질환, 노화 예방에도 효과가 있습니다.

삼색 테린

테린은 프랑스에서 다양한 고기로 만들어 차갑게 식힌 뒤 먹는 고기 요리예요.
복잡한 과정은 생략하고 닭 안심에 시금치, 멸치, 당근을 넣고 전자레인지로 만들어 내는 간단한 간식이에요.
잘 먹지 않는 채소가 있다면 믹서에 갈아 부드러운 테린을 만들어 보세요.
천연의 재료로 색상을 내어 보기에도 좋고, 부드러운 식감으로 먹기에도 좋아요.

재료 준비

닭 안심 **300g** / 시금치 **40g** / 당근 **40g** / 현미가루 **150g**(총용량) / 멸치 파우더 **12g**, 달걀 **3개**(노른자)

★ 완성 **550g** / 전자레인지 10분

만들기

❶ 껍질을 벗긴 당근을 적당한 크기로 잘라 믹서에 곱게 간다.

❷ 다듬어 손질한 시금치는 살짝 데친 후 믹서에 곱게 간다.

❸ 닭 안심은 잘게 다져 준비한다.

❹ 각 볼에 다진 닭 안심과 달걀 노른자를 1개씩을 넣고 믹서에 간 시금치, 당근, 멸치 파우더를 담는다.

❺ ④의 세 개의 볼에 각각 현미가루를 체에 내려 섞어 반죽한다.(3개의 볼에 각 50g씩)

❻ 반죽을 부을 내열용기 틀에 올리브 오일을 바른다.

❼ 반죽을 순서대로 층층이 담아낸다.

❽ 랩을 씌우고 전자레인지에 10분 돌린다.

쿠킹 TIP

★ 반죽이 익었는지 확인할 때는 전자레인지 가동 후 젓가락으로 찔러보아 반죽이 묻어나오지 않으면 돼요.

★ 베타카로틴이 풍부한 다양한 녹황색 야채를 활용해보세요.

★ 현미가루 대신 밀가루나 쌀가루를 사용해도 좋아요.

영양정보

* 시금치는 녹황색 야채로 비타민, 미네랄이 풍부하며 특히 비타민A가 많습니다. 비타민A는 피부와 점막 시력 건강 유지에 도움을 주며 철분이 풍부해 빈혈 예방에 좋습니다.

* 당근은 베타카로틴이 풍부하게 들어있어 면역력을 높이고 암 예방, 피부 미용, 노화 방지, 눈 건강을 유지하는 효과가 있습니다.

* 멸치는 지방과 열량이 적고 칼슘, 각종 무기질, 오메가3, 타우린을 다량으로 함유하고 있어 골다공증 예방, 성장발육 촉진, 뼈를 튼튼하게 하는 효과가 있습니다.

소간 육포

반려견이 평소에 눈물이 많아 눈물자국 때문에 고민이라면 고소하고 쫄깃쫄깃 담백한
소간 육포를 만들어 주세요.
소간에는 비타민A가 많아 강아지의 눈 건강과 눈물자국에도 좋은 효과가 있답니다.

재료 준비

소간 **700g** / 식초

★ 완성 **332g** / 식품건조기 60℃ 9시간 건조.

만들기

❶ 소간은 찬물에 3시간 이상 담가 핏물을 뺀다.

❷ 소간에 붙은 지방은 제거한다.

❸ 2cm 폭으로 길게 자른다.

❹ 식촛물에 자른 소간을 1시간 담가 소독한다.

❺ 종이호일을 깐 식품건조기 트레이 위에 올리고 60도에서 9시간 건조한다.

쿠킹 TIP

★ 간은 냄새가 나지 않으며 선명한 적색을 띤 신선한 것을 고르세요.

★ 간은 특유의 비린내가 있어요. 식촛물 소독 후 우유에 담가 냄새를 제거해 주어도 좋아요.

★ 비타민A, D가 많아 다량 급여시 간에 부담을 주고 설사를 할 수 있으니 양 조절이 필요해요.

영양정보

* 소간은 다른 육류에 비해 열량이 낮고 철분과 비타민이 풍부하게 들어있습니다.
비타민A는 시금치의 4배 이상, 비타민B2는 콩의 10배 이상,
비타민 B3는 콩의 8배 정도의 높은 함량을 가지고 있으며 간세포를 보호하고
간 건강, 눈 건강, 빈혈, 자양강장의 효과가 있습니다.
지속적으로 적당량을 급여하면 눈물자국 개선 효과를 볼 수 있습니다.

장어 말랭이

시력저하와 백내장은 다양한 원인으로 나타나는데 특히 노령견에게 백내장은
대표적인 질병중의 하나랍니다. 쫀득쫀득하게 말린 장어 말랭이 간식을 만들어 관리해 보세요.
장어는 반려견의 백내장과 원기회복 보양간식으로 좋아요.

재료 준비

손질한 장어 **한마리** / 식초

★ 완성 **158g**, 말랭이 **10개** / 식품건조기 65℃ 11시간 건조.

만들기

❶ 손질된 장어를 준비해서 깨끗이 씻는다. 남아있는 가시가 있다면 제거한다.

❷ 식촛물에 장어를 20분간 소독한다.

❸ 장어는 반으로 가른 후 3등분으로 자른다.

❹ 식품건조기 위에 종이 호일을 깔고 장어를 올린 뒤 파슬리를 뿌려 65도에서 11시간 건조한다.

쿠킹 TIP

★ 장어는 기름이 많아 건조기 트레이 위에 종이 호일을 깔고 건조하면 간편해요.

★ 장어는 기름이 많고 자극이 강한 식품으로 급여량 조절이 필요합니다.

영양정보

* 장어는 비타민A 성분이 풍부하게 함유되어
야맹증, 시력저하 예방, 눈 건강에 좋습니다.
그밖에도 DHA, EPA, 레시틴, 각종 단백질과
불포화지방산이 풍부하게 함유되어
원기 회복, 두뇌 발달, 피부 미용, 콜레스테롤 저하에 효과가 있습니다.
장어는 여름 타는 데에도 효과적이라서
여름철 삼복더위에도 좋은 보양 간식입니다.

눈 건강, 백내장에 좋은 간식

채소 & 과일 후레이크

눈 건강에 좋은 여러 가지 채소와 과일의 영양을 그대로 담았습니다.
놓치기 쉬운 비타민C를 사료 위에, 간식 위에 솔솔 뿌려 먹을 수 있는 후레이크예요.
잘게 잘라 영양소 파괴가 적은 저온에서 건조시켜 믹스하면 토핑으로 다양하게 활용할 수 있어요.

재료 준비

멸치 **20g** / 시금치 **55g** / 당근 **64g** / 파프리카 **35g** / 블루베리 **20g**
★ 완성 **34g** / 식품건조기 50℃ 15시간 건조

만들기

❶ 멸치는 거품을 걷어 내며 끓여 염분을 제거한다. 2~3회 반복한다.

❷ 시금치는 지저분한 잎과 줄기는 떼어낸 후 깨끗이 씻고 당근과 파프리카는
　먹기 좋은 크기로 자른 후 시금치, 당근, 파프리카를 끓는 물에 데친 후 물기를 제거한다.

❸ 블루베리는 깨끗이 씻어 준비한다.

❹ 준비해 둔 멸치, 시금치, 블루베리, 당근, 파프리카를 식품건조기 트레이 위에 올리고
　50도에서 15시간 건조한다.

쿠킹 TIP

★ 비타민이 풍부한 채소와 다양한 계절 과일로 만들어 보세요.
★ 건조 후 믹서에 갈아 파우더를 만들어 급여하면 편식하지 않고 먹을 수 있어요.

영양정보

* 시금치는 녹황색 야채로 비타민, 미네랄이 풍부하며 특히 비타민A가 많습니다.
비타민A는 피부와 점막 시력 건강 유지에 도움을 주며 철분이 풍부해 빈혈 예방에 좋습니다.

* 당근은 베타카로틴이 풍부하게 들어있어 면역력을 높이고
암 예방, 피부 미용, 노화 방지, 눈 건강을 유지하는 효과가 있습니다.

* 멸치는 지방과 열량이 적고 칼슘, 각종 무기질, 오메가3, 타우린을 다량으로 함유하고 있어
골다공증 예방, 성장발육 촉진, 뼈를 튼튼하게 하는 효과가 있습니다.

나의 반려견에게 필요한
10 콜레스테롤 억제에 도움을 주는 간식

혈관은 각 장기에 산소와 영양분을 운반하는 통로역할을 합니다.
콜레스테롤은 혈관 속에 쌓이면 혈관 벽이 딱딱해지고 약해져서 혈관 내벽에
상처를 입히고 심하면 동맥경화가 생기게 되는데 이는 생명에 직결되는 심각한
질환의 주원인이 될 수 있어요. 초기에는 별다른 증상이 나타나지 않아 주의와
관리가 필요해요. 콜레스테롤 제거에 좋은 재료로 간식을 만들어 섭취하면
혈관건강을 유지하는데 도움을 줄수 있답니다.
달걀은 고 콜레스테롤 식품으로 알려져 있지만 달걀 노른자에 있는 레시틴은
혈중 지방을 감소시키는 불포화 자방산이 들어있어 오히려 콜레스테롤을
감소시킨다는 견해를 참고한 레시피입니다.

❶ 연어 · 병아리콩 피자 / ❷ 오리 오트밀 바 / ❸ 오리&사과 키슈 / ❹ 참치 마들렌 / ❺ 황태 고구마빵

연어 · 병아리 콩 피자

콜레스테롤이 높은 일반 피자와 달리 연어와 병아리 콩을 사용한 저칼로리 피자예요.

연어와 병아리 콩을 쏙쏙 박아 먹음직스럽게 구워냈어요.

밀가루로 만든 피자 도우가 아닌 병아리 콩가루와 소량의 현미가루만 넣었어요.

특별한 날 만들어 주기 좋은 간식이랍니다.

재료 준비

연어 **75g** / 간 병아리 콩 **60g** / 현미가루 **30g** / 달걀 **1개** / 올리브 오일 약간

★ 토핑 : 병아리 콩 35g, 연어 22g

★ 완성 피자 틀 지름 **15cm 1개** / 오븐 180℃ 30분 굽기.

만들기

❶ 껍질을 벗긴 연어는 잘게 다져 준비한다(연어 22g은 토핑용으로 남겨둔다).

❷ 병아리 콩은 4시간 이상 불려둔 후 냄비에 담아 삶는다(불린 병아리 콩 35g는 토핑용으로 남겨둔다).

❸ 믹서에 삶은 병아리 콩을 넣고 갈아준다.

❹ 볼에 다진 연어, 간 병아리 콩과 달걀, 현미가루를 넣고 주걱으로 고루 섞어 반죽을 만든다.

❺ 피자 틀에 올리브 오일을 바른다.

❻ 오일을 바른 틀에 반죽을 채운다.

❼ 반죽 위에 토핑용으로 남겨둔 연어와 병아리 콩을 콕콕 박아 장식하고 180℃로 예열한 오븐에서 30분간 굽는다

❽ 구워낸 피자 위에 파슬리를 뿌리고 코티지 치즈를 보슬보슬하게 올린다.

쿠킹 TIP

★ 병아리 콩은 깨끗하게 씻어 4시간 이상 충분히 불려 주세요.

★ 코티지 치즈를 만들어 위에 토핑하면 피자 위의 치즈 느낌을 연출할 수 있어요.

★ 현미가루는 밀가루나 쌀가루로 대체 가능하며 오븐 틀이 없다면 반죽을 밀대로 밀어 피자 도우를 만들어 보세요.

영양정보

*병아리 콩은 저칼로리 식품으로 일반 콩에 비해
단백질, 칼슘, 베타카로틴, 식이섬유가 풍부합니다.
설사, 소화불량, 콜레스테롤 저하기능이 있으며
칼슘 함량이 높고 비타민C, D가 풍부해 피로 회복, 노화 방지에 좋습니다.
밥 맛이 나며 포만감을 느낄 수 있어 다이어트 식품으로 좋습니다.

*연어는 단백질, 비타민, 오메가3, DHA, EPA가 함유되어 있어
성장, 소화촉진, 콜레스테롤 제거, 암 예방, 동맥경화 예방,
뇌세포 활성, 피부 미용, 노화 예방에 좋습니다.

오리 오트밀 바

쫀득쫀득하게 건조한 오리고기에 오독오독하고 고소하게 씹히는
오트밀의 식감이 매력적이에요.
콜레스테롤이 걱정되어 고기 급여를 망설였다면 오리 오트밀 바를 만들어 보세요.
오리는 알레르기가 적고 기호성이 좋아 사랑받는 간식재료랍니다.

재료 준비

오리 **300g** / 오트밀 **50g** / 쌀가루 **70g** / 달걀 **1개** / 식초

★ 완성 **215g** / 식품건조기 65℃ 7시간 건조.

만들기

❶ 오리고기는 식촛물에 소독 후 다져서 준비한다.

❷ 볼에 달걀을 넣어 푼 뒤 다진 오리고기를 넣어 섞는다.

❸ ②에 오트밀을 넣고 고루 섞어 준다.

❹ 쌀가루를 체에 내리고 섞어 반죽을 만든다.

❺ 반죽은 지퍼백 또는 비닐에 평평하게 넣고 납작하게 누른 뒤 냉장고에 넣어 살짝 얼린다.

❻ 살짝 언 반죽을 폭2cm으로 길게 자른다.

❼ 종이호일을 깐 식품건조기 트레이 위에 반죽을 가지런히 올린 뒤 65도에서 8시간 건조한다.

쿠킹 TIP

★ 오트밀은 기름을 두르지 않은 프라이팬에 한번 볶아 사용하면 풍미가 더 좋아요.

영양정보

* 오트밀은 다른 곡류에 비해 단백질, 비타민B,이 많고 식이섬유가 풍부하여
소화, 다이어트에 좋습니다.
나트륨에 대한 길항작용을 갖는 칼륨 함량이 많아
고혈압, 동맥경화, 심장병, 신장에 부담을 주는 것을 예방하는 효과가 있습니다.

* 오리고기는 단백질, 비타민C, 철분, 불포화지방산이 풍부합니다.
콜레스테롤을 낮추어 혈관질환 예방, 혈관 강화 효과가 있습니다.

오리 & 사과 키슈

키슈는 식사 대용으로도 먹을 수 있는 파이 모양의 디저트예요.
오리고기를 듬뿍 넣고 아삭한 아스파라거스와 표고버섯, 달콤한 사과가 어우러진 영양 가득한 키슈를
만들었어요. 일반 밀가루 키슈 반죽이 아닌 쌀가루에 참치 파우더를 넣고 반죽했어요.
고기 ,채소, 버섯 등 집에 있는 다양한 재료를 이용해 나만의 반려견 간식을 만들어 보세요.

재료 준비

오리 300g / 말린 표고버섯 5g / 아스파라거스 5g / 사과 20g / 달걀 2개 / 코코넛 오일 1큰술 / 우유 2큰술 / 파슬리 약간

★ 반죽 : 쌀가루 80g / 참치 파우더 60g / 물 9큰술

★ 완성 340g, 지름11cm 원형 키슈 2개 / 오븐 180℃ 30분 굽기.

만들기

❶ 키슈 반죽-볼에 쌀가루와 참치 파우더를 체에 내린 뒤 물 9큰술을 넣고 힘 있게 주물러 반죽을 만든다.

❷ 반죽을 3~4mm 두께가 되도록 밀대로 민다.

❸ 틀에 올리브 오일을 바른다.

❹ 반죽을 틀 위에 얹고 바닥과 가장자리를 꼼꼼하게 눌러 모양을 잡는다.

❺ 랩을 씌우고 냉장고에서 30분 휴지시킨다.

❻ 물에 불린 표고버섯과 아스파라거스 사과는 먹기 좋은 크기로 썰어 준비한다.

❼ 볼에 달걀을 풀고 우유, 코코넛 오일, 파슬리를 넣고 고루 섞어 준다.

❽ 달걀 물에 다진 오리고기와 썰어 준비해 둔 표고버섯, 사과, 아스파라거스를 넣고 어우러지도록 섞는다.

❾ 미리 만들어 둔 반죽 틀에 ⑧을 가득 부어준 뒤 180℃ 예열된 오븐에서 30분 구워낸다.

쿠킹 TIP

★ 표고버섯은 물에 불린 후 프라이팬에 살짝 볶은 후 넣어주면 버섯의 풍미가 더 좋아요.

★ 다양한 채소를 넣어 만들어 보세요. 키슈 반죽에도 코코넛 오일 한 숟가락을 첨가해보세요.

영양정보

* 오리고기는 단백질, 비타민C, 철분, 불포화지방산이 풍부합니다.
기력 강화와 피부, 털, 발톱 건강에 좋으며 콜레스테롤을 낮추어
혈관질환 예방, 혈관 강화에 효과가 있습니다.

* 사과는 식물섬유인 펙틴이 들어있어 위장 활동을 원활하게 하며
유해물질을 제거 콜레스테롤 수치를 낮추는 작용을 합니다.
동맥경화나 고혈압예방에 좋습니다.

* 참치 파우더는 참치를 건조시켜 분말 형태로 만든 것을 말합니다.
고단백 저지방, 저칼로리 식품으로 DHA가 풍부하며
기억력 향상, 치매 예방, 노화 방지, 콜레스테롤 감소 효능이 있습니다.

* 코코넛 오일은 체지방 분해 효능이 있으며
피부염, 심장병, 고혈압, 동맥경화, 당뇨 등 심혈관계 질환을 예방합니다.

참치 마들렌

참치를 듬뿍 넣고 조개모양으로 구워낸 마들렌이예요.
쌀가루를 소량 넣고 밀가루나 박력분은 일체 넣지 않은, 건강까지 생각한 구운 과자랍니다.
바삭함보다는 폭신하고 쫄깃쫄깃한 식감이예요.
항산화 효과에 좋은 검은깨를 뿌려 더욱 먹음직스럽게 구웠어요.

재료 준비

참치 **100g** / 쌀가루 **20g** / 검은깨 **5g** / 달걀 **1개** / 올리브 오일 약간 / 물 약간

★ 완성 **130g**, 마들렌 7개 / 오븐 180℃ 25분 굽기.

만들기

❶ 통조림 참치는 기름을 따라버리고 끓는 물에 데쳐 염분과 기름을 제거하고 체에 걸러 물기를 뺀다.

❷ 볼에 달걀을 풀고 올리브 오일 한 숟가락을 넣는다.

❸ 달걀 물에 염분을 제거한 참치와 볶은 검은깨를 넣고 섞어준다.

❹ 체에 쌀가루를 내리고 고루 섞어 반죽을 만든다.

❺ 마들렌 틀에 올리브 오일을 발라준다.

❻ 틀에 90%까지 반죽을 채우고 180℃ 예열된 오븐에서 25분간 구워낸다.

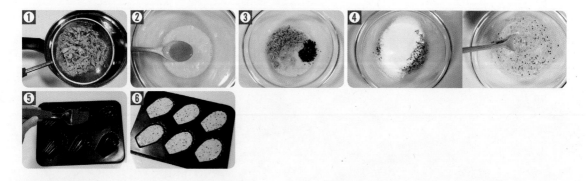

쿠킹 TIP

★ 통조림 참치를 이용하면 간편하게 만들 수 있어요. 하지만 통조림에는 각종 첨가물과 나트륨이 들어 있어서
염분 제거를 잘 해주어야 해요. 끓는 물에 데치는 과정을 2회 이상 반복해 주세요.

★ 반죽은 숟가락으로 들어 올렸을 때 주르륵 떨어지는 묽은 농도가 좋습니다. 물을 조금씩 넣어가며
반죽 농도를 맞추세요.

★ 올리브 오일 대신 동맥경화에 좋은 코코넛 오일을 사용하면 더욱 좋아요.

영양정보

* 참치라고 불리는 참다랑어는 EPA, DHA를 함유하며
혈관 속 콜레스테롤을 줄여 주며
고혈압, 동맥경화, 피부 미용, 관절 건강에 효과가 있다.

* 검은깨는 안토시아닌 성분을 함유하고 있어 노화의 원인이 되는
활성산소를 막아주고 콜레스테롤을 저하, 시력 회복에 좋습니다.

황태 고구마 빵

황태는 불포화지방산이 들어 있어 콜레스테롤 수치를 낮추어 주고 혈액순환을 원활하도록 도와준답니다.
식이섬유가 풍부한 고구마 빵 속에 황태를 넣고 돌돌 말아 오븐에 구웠어요.
폭신폭신한 고구마 빵의 식감과 바삭한 황태의 식감이 일품이지요.
달달한 고구마와 고소한 황태는 입이 짧은 강아지도 잘 먹는 간식이랍니다.

재료 준비

고구마 **130g** / 황태 **5개** / 달걀 **1개** / 쌀가루 **50g** / 우유 **1큰술** / 올리브 오일 약간

★ 완성 **329g**, 오븐 180℃ 13~15분 굽기.

만들기

❶ 황태는 수시로 물을 갈아주며 1시간 이상 물에 담가 염분을 제거한다.

❷ 남아있는 가시를 발라낸다.

❸ 염분을 제거한 황태는 물기를 제거해 준비한다.

❹ 쪄낸 고구마는 볼에 담아 으깬다.

❺ 볼에 달걀 한 개를 풀고 우유를 넣는다.

❻ 준비해 둔 달걀 물에 으깬 고구마를 섞는다.

❼ ⑥에 쌀가루를 체에 내리고 반죽한다.

❽ 완성된 빵 반죽은 5등분으로 나누고 납작한 모양으로 만든다.

❾ 반죽 위에 황태를 올리고 돌돌 말아 감싸고 이음새 부분을 잘 꼬집어 모양을 잡는다.

❿ 유산지를 깐 오븐 팬 위에 올리고 올리브 오일을 고루 발라 180℃로 예열한 오븐에서 13~15분간 굽는다.

쿠킹 TIP

★ 황태는 물에 살짝 불렸을 때 가시를 제거해야 모양이 흐트러지지 않고 발라내기 쉬워요.

★ 황태를 끓는 물에 거품을 걷어내며 데치면 남은 염분을 제거할 수 있어요.

영양정보

＊ 황태는 저지방 고단백 식품으로 불포화지방산이 들어 있어서
콜레스테롤 수치를 낮추어 주고 혈액순환을 돕습니다.
또한 아미노산이 풍부하여 두뇌 발달, 치매 예방에 좋으며 항산화작용 효과도 있습니다.

＊ 고구마는 탄수화물, 칼륨, 미네랄, 칼슘이 많이 들어 있어 피로 회복, 노화 방지에
효과가 있으며 식이섬유가 풍부하여 변비를 해소 합니다.
또한 섬유질이 많아 콜레스테롤을 배출하며 비타민C가 풍부해 피부 미용에 좋습니다.

＊ 쌀가루는 칼로리가 낮으며 소화가 잘되는 곡물입니다.
쌀은 단백질이 글루텐을 형성하지 않기 때문에 밀 단백질 알레르기 강아지에게
사용할 수 있는 재료로 강아지 베이킹 간식에서 밀가루 대체 식품으로 많이 사용됩니다.

나의 반려견에게 필요한
11 노화 방지 간식 }

강아지는 사람보다 수명이 짧아 노화가 빨리 찾아오게 됩니다.
젊었을 때 건강을 잘 유지해서 나이가 들어도 잘 먹고 건강하게 잘 지내주었으면
하는 게 견주 마음이지요.

사람이든 강아지든 노령기는 피할 수 없지만 노화 방지에 효능이 있는 식품을
섭취하면 노화를 늦추고 방지하는데 조금이라도 보탬이 될 수 있답니다.
강아지 노화를 예방하는 건강한 노화방지 간식 레시피를 소개합니다.

❶ 단호박 볼 / ❷ 닭발 껌 / ❸ 두부 콩가루 번 / ❹ 무뼈 닭발 / ❺ 오리 파슬리 육포 / ❻ 흑미 포켓 쿠키

단호박 볼

노오란 단호박에 브로콜리와 코코넛을 넣어 동글동글하게 빚은 볼 간식이랍니다.
바사삭하게 부서지는 비스킷 식감으로 먹는 소리까지 맛있답니다.
코코넛 파우더를 넣어 강한 브로콜리의 향을 누그러뜨리고 달콤함은 배가 시켰어요.
피부노화 예방은 물론 칭찬용 간식으로 한입에 쏘옥, 하나씩 주기에도 좋답니다.

재료 준비

단호박 **250g** / 브로콜리 **100g** / 코코넛 파우더 **40g**

★ 완성 **70g**, 볼 **15개** / 식품건조기 65℃ 10시간 건조.

만들기

❶ 단호박은 껍질을 벗기고 쪄서 으깬다.

❷ 데친 브로콜리는 잘게 다진다.

❸ 볼에 으깬 단호박과 브로콜리, 코코넛가루를 넣고 섞는다.

❹ 반죽을 동그랗게 빚어 볼을 만든다.

❺ 식품건조기 트레이 위에 빚은 반죽을 올리고 65℃에서 10시간 건조한다.

쿠킹 TIP

★ 브로콜리의 비타민C와 A는 줄기부분이 풍부해요! 줄기부분까지 다져서 사용해보세요.

★ 코코넛 파우더가 없다면 코코넛 가루 대신 쌀가루를 넣어 반죽하세요.

★ 건조 시간은 기호에 맞게 조절할 수 있어요.

영양정보

* 브로콜리는 풍부한 비타민C와 비타민A를 가지고 있어
피부 미용, 피부질환 개선, 노화 예방에 효과적인 웰빙 식품입니다.
그밖에도 칼슘, 철분, 마그네슘이 들어있어
빈혈,고혈압 예방,면역력 강화,동맥경화,암 예방에 효과가 있습니다.

* 단호박은 비타민, 무기질, 식이섬유가 들어있으며
비타민E는 피부와 노화 방지에 좋습니다.

* 코코넛은 나트륨, 칼슘, 칼륨, 망간, 비타민이 함유되어 있으며
식이섬유가 풍부해 변비에 효과적이고 복통, 설사, 관절염, 골다공증 예방에 좋습니다.

닭발 껌

고소하고 오독오독 씹히는 식감이 좋은 닭발은 관절염에 좋은 천연 영양제랍니다.
닭발의 콜라겐 성분이 연골 회복과 재생 능력, 통증 완화에 좋아서 관절염을 겪는 반려견에게 챙겨줄 수 있는 좋은 영양 간식이예요.
요즘은 손질된 닭발도 쉽게 구할 수 있어 간편하게 만들 수 있답니다.

재료 준비

닭발 **500g** / 밀가루 약간 / 식초
★ 완성 **227g** / 식품건조기 60℃, 9시간 건조

만들기

❶ 깨끗한 물에 30분 담가 핏물을 제거한다.

❷ 볼에 닭발과 밀가루를 담는다.

❸ 밀가루를 문질러 닭발의 주름 사이사이 깨끗이 닦는다.

❹ 가위를 이용해 발톱을 자른다.

❺ 손질된 닭발을 식촛물에 15분정도 담가 소독한다.

❻ 깨끗한 물로 다시 한 번 씻어내고 물기를 제거한다.

❼ 식품건조기 트레이 위에 올리고 60℃에서 9시간 건조한다.

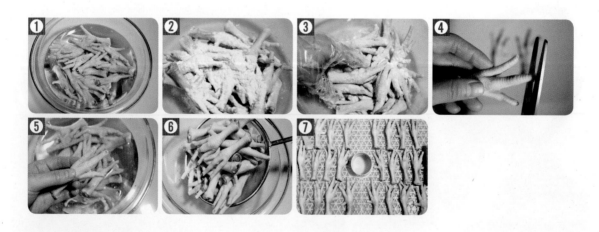

쿠킹 TIP

★ 닭발에는 불순물이 많아요. 주름 사이사이 깨끗하게 손질해주세요.

★ 삶지 않고 건조시켜야 뼈가 날카롭게 부서지지 않아 안전하게 먹을 수 있어요.

영양정보

* 닭발에는 콜라겐이 다량 함유되어
피부 미용, 노화 방지, 관절염에
효과가 있으며 DHA, EPA 등의 성분은
성장 발육을 돕고 무릎 관절에 좋습니다.

두부 콩가루 번

노화를 지연시키는 효능이 있는 콩가루를 두부에 넣어 고소하고 부드러운 둥근 번(Bun) 빵으로 구워냈어요.
오롯이 두부와 콩가루만 넣어 만든 웰빙 베이킹 간식이지요.
굽는 내내 고소한 향기가 가득하답니다.

재료 준비

두부 **100g** / 콩가루 **200g** / 우유 **15ml** /
★ 오븐 170℃ 20분 굽기.

만들기

❶ 두부는 끓는 물에 20분 데쳐 염분을 제거한다.

❷ 염분을 제거한 두부는 물기를 빼고 믹서에 곱게 갈아 크림 형태로 만든다.

❸ ②에 콩가루를 덩어리지지 않도록 체에 내린다.

❹ 여기에 올리브 오일과 우유를 넣고 주걱으로 고루 섞는다.

❺ 틀에 올리브 오일을 바른다.

❻ 틀 가득 반죽을 채우고 170℃ 오븐에서 20분 구워낸다.

쿠킹 TIP

★ 콩가루에는 비타민A가 부족해서 우유를 넣어주면 영양의 조화가 더욱 좋아요.

★ 밀가루나 쌀가루 등 글루텐이 든 분말을 전혀 첨가 하지 않아 오븐에 구울 때 부풀지 않으니 반죽을 틀 가득 부어 주세요.

★ 기호성을 높이려면 황태 파우더나 멸치 파우더를 첨가해보세요.

영양정보

* 콩가루는 사포닌과 레시틴, 비타민E가 함유되어
콜레스테롤을 억제, 혈액을 정화시켜주며
피부의 물질 대사를 원활히 하여
건강한 피부와 노화를 지연시키는 효과가 있습니다.

무뼈 닭발

무뼈 닭발은 뼈와 살을 분리 손질한 닭발이예요.
건조되어 베베 꼬인 모양이 우습지만 관절 영양엔 좋은 천연 간식이랍니다.
뼈 간식이 먹기 부담스럽거나 치아가 약한 소형견 강아지에겐 닭발의 영양은 그대로 섭취하면서
먹기 쉬운 무뼈 닭발을 이용해 보세요.

재료 준비

무뼈 닭발 **200g** / 밀가루 약간 / 식초
★ 식품건조기 60℃ 4시간 건조.

만들기

❶ 무뼈 닭발을 볼에 담고 밀가루로 문질러 깨끗하게 닦아낸다.

❷ 끓는 물에 10분 이내로 데쳐 불순물을 제거한다.

❸ 데쳐 낸 무뼈 닭발은 깨끗한 물로 씻고 물기를 제거한다.

❹ 식품건조기 트레이 위에 올리고 60℃에서 4시간 건조한다.

쿠킹 TIP

★ 밀가루로 세척 후 끓는 물에 한 번 더 데치면 불순물을 완벽히 제거할 수 있어요.
   하지만 오랜 시간 데치면 닭발의 모양이 오므라들어요.

영양정보

* 닭발에는 콜라겐이 다량 함유되어
피부 미용, 노화 방지, 관절염에
효과가 있으며 DHA, EPA 등의 성분은
성장 발육을 돕고 무릎 관절에 좋습니다.

오리 & 파슬리 육포

육포는 손질법이 쉽고 기호성도 좋아 강아지에게 인기 있는 간식 중 하나예요.
노화 방지 효과가 있는 파슬리를 슬라이스 한 오리고기 위에 솔솔 뿌려 건조했어요.
건조 시간을 조절하면 나의 반려견이 좋아하는 식감의 수제육포를 만들 수 있답니다.

재료 준비

오리 **310g** / 식초 / 파슬리 약간
★ 완성 **240g** / 식품건조기 65℃ 8시간 건조

만들기

❶ 오리는 찬물에 담가 핏물을 제거한다.

❷ 오리에 붙은 지방은 가위로 제거한다.

❸ 오리는 결 방향따라 2cm 폭 정도로 길게 자른다.

❹ 식촛물에 담가 소독한다.

❺ 건조기 트레이 위에 슬라이스한 오리를 올리고 파슬리를 뿌린다. 65℃에서 8시간 건조한다.

쿠킹 TIP

★ 오리고기는 지방이 적은 가슴살 부위가 좋습니다.
★ 건조 시간은 원하는 상태에 따라 조절 할 수 있어요.

영양정보

＊ 파슬리는 엽록소가 풍성하여 혈중 콜레스테롤 수치를 낮춰주며
칼슘, 철분, 베타카로틴과 비타민C가 풍부하여
노화 방지, 암 예방에 좋습니다.

＊ 오리고기는 단백질, 비타민C, 철분, 불포화지방산이 풍부합니다.
기력 강화와 피부, 털, 발톱 건강에 좋으며 콜레스테롤을 낮추어
혈관질환 예방, 혈관 강화에 효과가 있습니다.

흑미 포켓쿠기

검은 쿠키 속에 노란 고구마가 들어있는 재밌는 간식을 만들었어요.
영양소가 풍부한 검은 흑미와 오리고기를 넣고 만든 반죽 속에 고구마를 쏘옥 숨겨 넣었지요.
밀가루 없이 건강한 재료만 사용한 영양 쿠키예요.

재료 준비

오리 **130g** / 흑미 **150g** / 고구마 **½개** / 달걀 **1개** / 우유 **25ml**
★ 완성 **200g**, 쿠키 **12개** / 오븐 180℃ 15분 굽기.

만들기

❶ 찐 고구마를 볼에 으깨어 필링용으로 만들어 둔다.

❷ 볼에 흑미 가루를 넣고 달걀 물과 우유를 붓는다.

❸ ②에 다진 오리고기를 넣고 고루 섞어 반죽을 만든다.

❹ 반죽을 비닐봉지에 담아 냉장고에 30분간 휴지시킨다.

❺ 휴지 시킨 반죽을 지름 3cm 크기로 동글게 빚는다.

❻ 엄지손가락으로 반죽 가운데를 눌러 홈을 만들고 만들어 둔 고구마 필링을 넣는다.

❼ 가운데 필링을 넣은 후 가장자리 반죽을 가운데로 모아 이음새를 꼬집어 붙인다.

❽ 유산지를 깐 오븐 팬에 반죽을 올리고 숟가락 뒤로 납작하게 누른다. 180℃오븐에서 15분간 구워낸다.

❾ 오븐에서 꺼낸 쿠키는 식힘망 위에 올리고 식힌다.

쿠킹 TIP

★ 필링용 고구마 삶는법 : 깨끗하게 씻은 고구마를 깍둑 썰기 한 후 내열 용기에 고구마, 물 3큰술을 넣고 랩을
씌운 후 전자레인지에 5분간 돌리고 내열 용기에 담긴 물은 따라 버린 후 포크로 으깬다.

영양정보

*흑미는 안토시아닌이 풍부하여 강력한 항산화 작용을 하기 때문에
세포가 노화되는 것을 막아주고 젊음을 유지하는데 도움을 줍니다.
또한 단백질이 풍부해 모질에 좋습니다.
그밖에도 비타민E, 칼슘, 아미노산이 함유되어
심장병 및 동맥경화, 면역력 강화, 백내장과 같은 눈 질환에도 효능이 있습니다.

*고구마는 수분과 식이섬유가 풍부하여 변비와 다이어트에 효과적인 뿌리채소입니다.

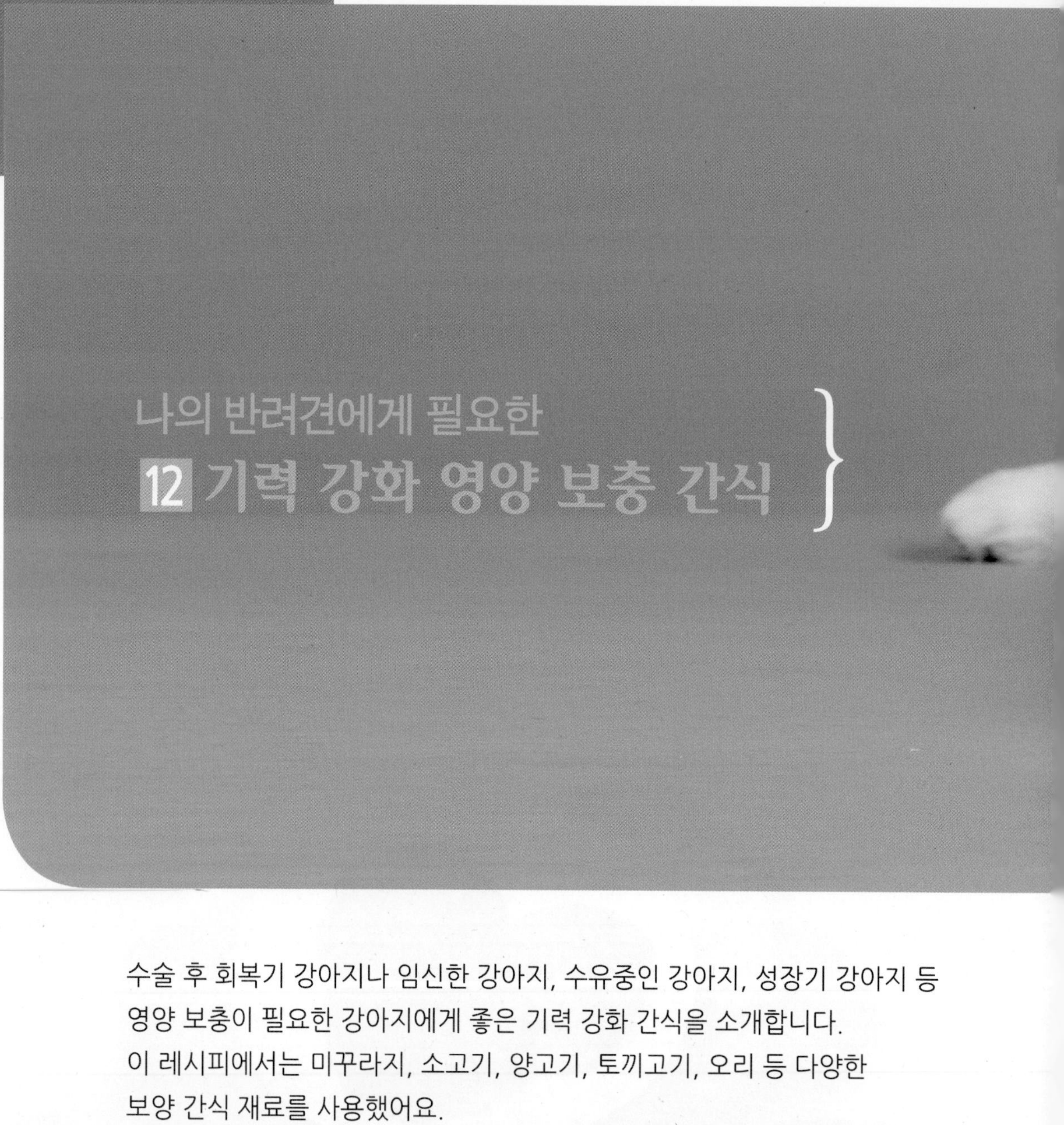

나의 반려견에게 필요한

12 기력 강화 영양 보충 간식

수술 후 회복기 강아지나 임신한 강아지, 수유중인 강아지, 성장기 강아지 등
영양 보충이 필요한 강아지에게 좋은 기력 강화 간식을 소개합니다.
이 레시피에서는 미꾸라지, 소고기, 양고기, 토끼고기, 오리 등 다양한
보양 간식 재료를 사용했어요.

체력을 보충하는 작용을 하는 성장 발육, 체력 강화, 보양식에 좋은
고단백 재료들로 만들었답니다.
다소 생소할 수 있는 고기의 구입은 재료 구입처 페이지(45p)를 참고하세요.

❶ 미꾸라지 오븐 구이 / ❷ 소고기 미역죽 / ❸ 양고기 파운드 / ❹ 토끼고기 미니 도넛 / ❺ 황태 오리 푸딩

미꾸라지 오븐 구이

미꾸라지 한 마리를 통으로 즐기는 바삭하고 담백한 보양 간식이랍니다.
고단백 영양소가 풍부한 미꾸라지를 오븐에 구워 담백해요. 강아지들이 정말 좋아한답니다.
원기 회복에 좋은 미꾸라지 간식으로 에너지 충전시켜주세요.

재료 준비

미꾸라지 **13마리** / 쌀가루 **30g** / 달걀 **1개**
★ 오븐 170℃ 10분 굽기.

만들기

❶ 미꾸라지는 소금을 넣고 비벼 씻어 해감하고 흐르는 물에 깨끗이 씻어낸다.

❷ 손질한 미꾸라지는 키친타월에 올리고 물기를 제거한다.

❸ 미꾸라지에 쌀가루를 얇게 묻힌다.

❹ 볼에 쌀가루에 달걀을 풀고 덩어리가 없도록 고루 섞어 튀김옷을 만든다.

❺ 쌀가루를 묻힌 미꾸라지에 튀김옷을 입힌다.

❻ 유산지를 깐 오븐 팬에 미꾸라지를 올리고 170℃ 10분 구워낸다.

❼ 오븐에서 구워낸 미꾸라지에 황태가루를 뿌려 토핑 한다.

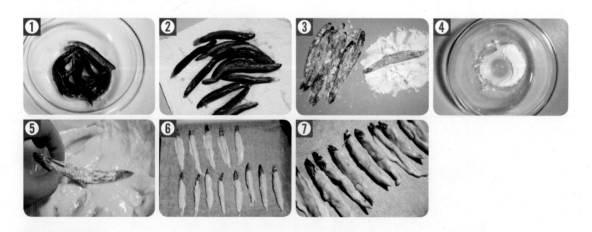

쿠킹 TIP

★ 미꾸라지는 소금으로 해감 후에 깨끗한 물에 여러 번 헹궈 내야 해요.

★ 오븐 없이 조리할 때는 프라이팬에 올리브오일을 살짝만 두르고 튀겨주세요.

영양정보

* 미꾸라지는 영양소가 풍부한 고단백질의 정력 식품입니다.
비타민과 칼슘, 단백질이 들어 있으며 원기를 보충하여
기력 강화에 도움을 줍니다.
비타민A는 시력 보호에 좋으며 비타민D는
성장기 강아지의 뼈 형성에 좋습니다.
그밖에도 피부 미용, 노화 방지, 설사 완화 효과가 있습니다.

소고기 미역죽

미역은 출산한 강아지와 회복중인 강아지에게 더없이 좋은 식재료랍니다.
먹기 좋도록 간 미역에 고단백 소고기를 듬뿍 넣어 든든한 영양죽으로 만들었어요.
부드러워 먹기에 편하고 한 끼 식사로도 충분해요.

● 재료 준비

소고기 **57g** / 미역 **3g** / 흰쌀밥 **70g**
★ 완성 **264g**

● 만들기

❶ 소고기는 다지고 미역은 불에 불려 준비해 놓는다.

❷ 믹서에 불린 미역을 넣고 곱게 간다.

❸ 냄비에 간 미역과 흰쌀밥, 다진 소고기를 넣고 밥알이 퍼질 때까지 끓인다.

★ 보관 : 만들고 남은 죽은 냉동해서 보관하세요.

　　　　　급여시 실온에 살짝 녹인 죽을 전자레인지에 돌리거나 중탕하세요.

● 쿠킹 TIP

★ 미역은 점성이 있어 식도에 붙을 수 있으니 믹서에 곱게 갈아서 사용하세요.

★ 흰쌀밥 대신 불린 쌀을 갈아서 사용하면 훨씬 부드러운 죽을 만들 수 있어요.

영양정보

*미역은 저지방 저열량 식품으로 다이어트에 좋으며
식이섬유가 풍부해 변비를 예방, 장 속에 노폐물을 제거해 줍니다.
칼슘, 철분이 풍부해 뼈를 튼튼하게 하고 성장 발육, 골다공증에 좋습니다.
출산한 강아지의 혈액 생성을 돕고
혈액순환을 원활히 해주며 상처를 치유하는 효과가 있습니다.

*소고기는 고단백 식품으로 성장 발육, 성장 촉진, 회복기 강아지에게 좋습니다.

양고기 파운드

양질의 단백질이 풍부한 양고기와 야채를 듬뿍 넣고 촉촉하게 구워낸 근사한 파운드 간식이예요.
양고기의 진하고 깊은 향기는 식욕을 돋워 주어요.
든든한 영양 간식으로 좋고 특별한 날이나 선물용으로도 손색없답니다.

재료 준비

양고기 **100g** / 쌀가루 **100g** / 당근 **50g** / 브로콜리 **50g** / 달걀 **2개** / 우유 **30ml** / 올리브 오일 **1작은술** / 토핑용 오트밀 약간

★ 180℃ 오븐에서 1시간.

만들기

❶ 기름을 살짝 두른 팬에 잘게 다진 브로콜리와 당근을 넣어 고루 볶는다.

❷ 키친타월 위에 볶은 브로콜리와 당근을 올리고 수분을 제거한다.

❸ 마른 팬에 잘게 다진 양고기를 넣고 약불에서 살짝 볶는다.

❹ 키친타월 위에 볶은 양고기를 올리고 기름을 제거한다.

❺ 볼에 달걀 2개를 풀고 올리브 오일, 우유를 넣고 섞는다.

❻ 달걀 물에 쌀가루를 체에 내려 덩어리지지 않도록 섞는다.

❼ ⑥에 기름을 제거해 둔 양고기와 수분을 제거한 브로콜리, 당근을 넣는다.

❽ 유산지를 깐 파운드 틀에 반죽을 채우고 위에 오트밀을 올린 후 180℃오븐에서 1시간 굽는다.

쿠킹 TIP

★ 쌀가루로 만든 빵은 고소하며 쫄깃쫄깃한 식감이예요.

★ 쌀가루의 단백질은 글루텐을 형성하지 않기 때문에 팽창하지 않아요. 반죽을 파운드에 가득 부어 주세요.

영양정보

* 쌀가루에는 밀가루의 알레르기 유발 물질인 글루텐이 없어
밀가루 알레르기가 있는 강아지에게
사용하기 좋은 베이킹 재료입니다.

* 양고기는 철, 칼슘, 비타민, 필수아미노산이 함유된 양질의 단백질 식품입니다.
몸을 따뜻하게 하고 체력을 보충하는 작용이 있어
회복견이나 임신, 수유중인 강아지의 원기 충전에 좋은 보양식 재료입니다.

토끼고기 미니 도넛

육질이 부드럽고 연한 토끼고기를 넣어 부드러운 도넛을 만들었어요.
토끼는 생소할 수 있지만 닭고기와 비슷한 맛이 나며 영양은 더 풍부하답니다.
앙증맞은 미니 도넛 모양으로 만든, 체력 강화에 좋은 간식이예요.

재료 준비

토끼고기 **350g** / 단호박 **50g** / 미니 양배추 **70g** / 쌀가루 **20g** / 달걀 **2개** / 올리브오일 약간
★ 완성 **467g**, 도넛 **8개** / 오븐 180℃ 20분 굽기

만들기

❶ 미니 양배추를 깨끗이 씻어 끓는 물에 삶는다.

❷ 삶아낸 미니 양배추를 면보에 싸서 물기를 제거한다.

❸ 볼에 달걀을 풀고 당근, 미니 양배추, 토끼고기를 다져 넣는다.

❹ ④에 체에 쌀가루를 넣고 덩어리 없이 고루 섞는다.

❺ 도넛 틀에 올리브오일을 바르고 틀의 90%까지 반죽을 채운다. 180℃로 예열된 오븐에 20분 굽는다.

쿠킹 TIP

★ 토끼고기 대신 소고기, 닭고기 등 다른 육류를 사용해도 좋아요.

★ 토끼고기는 닭고기와 비슷한 담백한 맛이 나고 비린내가 나지 않아요. 닭고기의 알레르기가 있는
강아지에게 대체 육류로 사용할 수 있는 식재료예요.

★ 토끼고기의 구입은 재료 구입처 페이지(45P)를 참고하세요.

★ 소량의 쌀가루만 들어가서 크게 부풀지 않기 때문에 반죽을 틀의 90%까지 채워 주어야 합니다.

영양정보

* 토끼고기는 단백질이 풍부한 저지방 저콜레스테롤의 고단백 영양식품입니다. 근육섬유가 가늘고 수분이 많아 육질이 연하고 닭고기와 비슷한 맛이지만 영양 가치는 더 높습니다. 체력 강화, 성장 발육, 보양식으로 좋으며 소화 흡수가 좋아 수술 후 회복견에게 좋습니다.

* 미니 양배추는 일반 양배추보다 식감이 부드럽고 익힐수록 단맛이 강해지는 특성이 있어 단맛을 좋아하는 강아지에게 좋은 채소입니다.

황태 오리 푸딩

황태 육수를 붓고 굳혀 황태의 진한 맛과 향을 느낄 수 있는 푸딩 이예요.
입안에서 부드럽게 녹아버리고 오리고기 씹는 맛도 느낄 수 있어 강아지들이 좋아해요.
보양식 재료인 황태를 색다르게 푸딩으로 만들어 먹여보세요.
푸딩으로 만들면 소화도 잘되고 치아가 약한 강아지도 먹기에 좋아요.

재료 준비

오리 안심 **15g** / 황태 **15g** / 한천 **2g**
★ 완성 **204g**

만들기

❶ 한천은 미리 물에 불려 놓는다.

❷ 오리고기는 삶아서 먹기 좋은 크기로 찢어 준비한다.

❸ 황태는 거품을 걷어내며 끓여 염분을 제거한다. 2회 반복한다.

❹ 염분을 제거한 황태를 다시 깨끗한 물에 끓인다.

❺ ④에 삶아 찢어 둔 오리와 불린 한천을 넣고 약한 불에서 천천히 저어가며 10분간 끓인다.

❻ 푸딩을 굳힐 틀에 ⑤를 붓고 한 김 식힌 후 냉장고에 넣어 굳힌다.

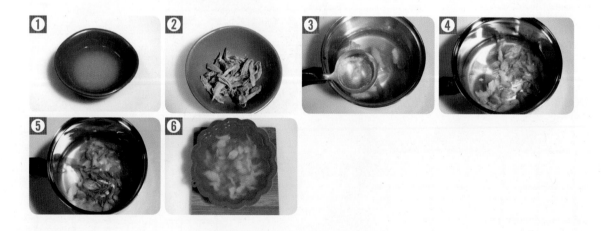

쿠킹 TIP

★ 한천의 농도를 조절하면 부드럽고 말캉하고 쫀쫀한 다양한 식감을 느낄 수 있어요.

★ 황태 육수를 부어서 만들기 때문에 황태에 염분이 남아있지 않도록 2번 이상 끓이고 사용하세요.

영양정보

*황태는 저지방 고단백 식품으로 콜레스테롤이 거의 없고
영양가가 높아 신진대사를 활성화시켜 성장기 강아지에게 좋은 식재료입니다.
체내의 세포를 활성화시켜 주어 피로 회복에 좋으며 항산화작용 효과가 있습니다.
또한 아미노산이 풍부하게 들어있어 간 기능 향상,
독소 배출, 혈관질환 예방에 좋습니다.

*오리고기는 불포화지방산이 풍부해 영양 보충하기 좋은 보양식입니다.
기력 강화와 피부, 털, 발톱 건강에 좋으며
콜레스테롤을 낮추어 혈관질환 예방, 혈관 강화에 효과가 있습니다.

나의 반려견에게 필요한

13 치아가 약한 반려견 간식 }

치아가 약한 어린 강아지나 나이가 많은 노령견을 위한 간식 조리법입니다.
치아가 약하면 먹는 것이 부실하고 영양 섭취역시 부족할 수밖에 없답니다.
또한 소화력이 약해지기 때문에 부드럽고 소화가 잘 되는 음식을 먹는 것이 좋아요.
영양이 풍부하면서도 먹기 부드러운 간식들을 소개합니다.

❶ 고구마 닭 안심 빵 / ❷ 고구마 미니 케이크 / ❸ 단호박양갱 / ❹ 닭 안심 소시지 / ❺ 돼지고기 고구마 범벅 / ❻ 돼지껍데기 편육 / ❼ 캐롭 컵케이크

고구마 닭 안심 빵

고구마와 닭 안심으로 만들어 낸 폭신폭신 부드러운 빵 간식이예요.
부드러운 식감을 위해 닭 안심을 사용했어요.
오븐 없이 전자레인지로 쉽게 만들 수 있는 간단한 베이킹에 도전해 보세요.

재료 준비

닭 안심 **87g** / 고구마 **300g** / 달걀 **2개** / 우유 **5큰술** / 꿀 **1큰술**
★ 완성 **450g** / 전자레인지 7분

만들기

❶ 찐 고구마를 으깬다.

❷ 볼에 달걀 노른자를 풀고 으깬 고구마, 꿀, 우유를 넣는다.

❸ 여기에 다진 닭 안심을 넣고 섞어 반죽을 마무리한다.

❹ 다른 볼에 달걀 흰자를 넣고 거품기를 한쪽 방향으로 저어가며 머랭을 만든다.

❺ ③에 머랭을 넣고 살살 섞는다.

❻ 내열 용기에 올리브오일을 살짝 바르고 반죽을 채운다.

❼ 랩을 씌우고 젓가락으로 구멍을 낸 후 전자레인지에 7분 돌린다.

쿠킹 TIP

★ 머랭을 만들면 훨씬 부드러운 식감의 빵을 만들 수 있어요.

★ 하지만 번거롭고 시간을 단축하고 싶다면 처음부터 노른자 분리 과정 없이 달걀을 푼물에
    고구마, 닭안심살을 넣고 반죽을 마무리 해주세요.

영양정보

* 고구마는 탄수화물, 칼륨, 미네랄, 칼슘이 많이 들어 있어
피로 회복, 노화 방지에 효과가 있으며 식이섬유가 풍부하여 변비를 해소 합니다.
또한 비타민C가 풍부해 피부 미용, 감기 예방에 좋습니다.

* 닭 안심은 지방과 콜레스테롤의 함량이 매우 낮은 고단백 식품입니다.
닭 가슴살에 비해 지방의 함량이 약간 더 높지만 크게 차이가 없으며
퍽퍽하지 않고 부드러운 식감으로 강아지 간식 재료로
닭 가슴살과 함께 많이 쓰입니다.

* 달걀은 양질의 단백질은 물론 비타민, 무기질 등 필수 아미노산을 갖추고 있습니다.
자양 강장, 정력, 노화 예방에 효과가 있으며 달걀 노른자는 피부와 털에 좋습니다.
단, 달걀 흰자는 반드시 익혀서 먹여야 합니다.

고구마 미니 케이크

오븐에 굽는 과정 없이 만드는 간단한 고구마 케이크예요.
고구마와 닭 안심, 푹 익힌 당근을 차례대로 층층이 쌓아 올려 만들었어요.
간단한 조리법으로 다양한 모양까지 낼 수 있어 특별한 기념일에 만들어 주어도 좋아요.

재료 준비

고구마 110g / 닭 안심 60g / 당근 70g / 우유 5큰술 / 꿀 1큰술
★ 완성 : 높이7cm ×지름14cm 원형 케이크 1개.

만들기

❶ 밥그릇에 랩을 씌어 놓는다.

❷ 찐 고구마는 으깨고 랩을 깐 그릇에 평평하게 눌러가며 담는다.

❸ 당근은 푹 익힌 후 으깨서 준비하고 1단으로 깐 고구마 위에 평평하게 올린다.

❹ ③위에 으깬 고구마를 3단으로 평평하게 올린다.

❺ 삶은 닭 안심을 먹기 좋은 크기고 찢고 3단으로 올린 고구마 위에 얹는다.

❻ 마지막으로 으깬 고구마를 올려 마무리 한다.

❼ 밥그릇을 뒤집고 랩을 잡아당기며 케이크를 꺼낸다.

쿠킹 TIP

★ 다양한 모양의 용기를 이용할 수 있어요.

★ 다른 용기를 사용할 때도 랩을 깔면 모양이 흐트러지지 않고 쉽게 꺼낼 수 있어요.

★ 고구마 대신 단호박을 사용해도 좋아요.

영양정보

*고구마는 수분과 식이섬유가 풍부하여 변비와 다이어트에 좋고
비타민이 풍부하여 피로 회복과
피부 미용, 노화 방지, 성인병 예방 효과가 있습니다.

단호박 양갱

부드럽고 달콤한 간식으로 양갱이보다 좋은 게 없답니다.
단호박에 꿀을 한 숟가락 첨가해서 만들면 달콤해서 더 좋아해요.
입 안에서 스르륵 부서지는 부드러운 양갱은 만드는 방법도 쉽고 간단해요.

재료 준비

단호박 **180g** / 물 **100ml** / 꿀 **1큰술** / 한천 **3g**
★ 완성 **289g**, 양갱 **8개**

만들기

❶ 단호박은 껍질을 벗기고 적당한 크기로 잘라 준비한다.

❷ 잘라 둔 단호박을 물100ml와 함께 핸드 블렌더나 믹서를 이용해 곱게 간다.

❸ ②를 냄비에 붓고 불려 놓은 한천과 꿀1 큰술을 넣고 섞는다.

❹ 약한 불에 올려 저어가며 5분 정도 끓인다.

❺ ④를 틀에 붓고 냉장고에 2시간 이상 단단하게 굳힌다.

❻ 굳힌 양갱을 틀에서 꺼내 먹기 좋은 크기로 자른다.

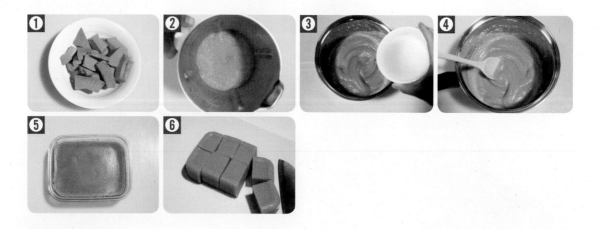

쿠킹 TIP

★ 다양한 모양의 양갱 틀에 부어 굳히면 여러 모양을 낼 수가 있어요.

★ 한천은 단호박 손질할 때 미리 물에 불려 두세요.

★ 선물용으로도 좋고 반려견과 함께 먹어도 좋아요.

영양정보

* 한천은 우뭇가사리로 만든 식품으로 식이섬유가 풍부하며
장내 박테리아 증식을 돕는 기능이 있어 변비 해소, 장 건강에 도움을 줍니다.
그밖에도 혈당 상승을 막아 콜레스테롤을 감소시키며 칼로리가 적어
다이어트 식품에 많이 활용됩니다.

* 단호박은 각종 비타민과 미네랄, 섬유질이 함유되어 있으며
특히 식이섬유가 풍부하여 소화를 촉진, 장 기능을 원활하게 도와줍니다.

닭 안심 소시지

닭 안심 부위를 사용해서 만든 소시지 예요.

소화가 잘되고 식감이 부드러워 치아가 약한 강아지도 먹기 좋은 영양 간식 이예요.

닭 안심 육질의 담백한 풍미를 느낄 수 있는 수제 소시지랍니다.

방부제, 색소, 첨가물 없이 직접 만드는 건강한 수제 소시지는 안심하고 먹을 수 있는 엄마표 간식이지요.

재료 준비

닭 안심 **200g** / 당근 **35g** / 쌀가루 **20g** / 파슬리 약간

만들기

❶ 닭 안심은 잘게 다진다.

❷ 당근은 다져서 준비한다.

❸ 볼에 다진 닭 안심과 당근, 쌀가루를 넣고 파슬리를 약간 넣어준다.

❹ 재료를 잘 섞고 치대어 반죽한다.

❺ 랩을 깔고 끝부분에 반죽을 올리고 돌돌 말아 소시지 모양을 만든다.

❻ 찜기에 반죽을 올리고 20분 쪄낸다.

쿠킹 TIP

★ 찜기에 쪄낸 소시지는 냉장 보관하세요.

＊ 닭 안심은 지방의 함량이 거의 없는
고단백 저칼로리의 대표적인 부위입니다.
지방과 콜레스테롤이 매우 낮아 담백한 맛이 나며
육질이 부드러운 것이 특징입니다.

돼지고기 고구마범벅

고단백의 부드러운 돼지 안심을 고구마와 버무려 만든 든든한 간식이랍니다.
돼지고기는 지방이 적은 안심 부위를 사용하고 기름 대신 코코넛 오일을 사용했어요.
식이섬유가 풍부한 고구마까지 더해져 영양이 풍부하답니다.
한 끼 식사로도 충분하며 사료에 함께 섞어주어도 좋아요.

재료 준비

고구마 **148g** / 간 돼지고기 **120g** / 브로콜리 **35g** / 코코넛 오일 **2큰술**
★ 완성 241g

만들기

❶ 찐 고구마는 보슬보슬한 정도로 으깨어 준비한다.

❷ 브로콜리는 살짝 데친 후 잘게 자른다.

❸ 팬에 코코넛 오일을 넣고 간 돼지고기와 브로콜리를 볶는다.

❹ 볼에 으깬 고구마와 볶은 돼지고기, 브로콜리를 넣고 잘 섞는다.

쿠킹 TIP

★ 돼지고기는 지방이 적은 안심 부위를 사용하는 것이 좋아요.

★ 코코넛 오일이 없다면 올리브유를 사용하세요.

★ 비타민이 풍부하고 열에 의한 영양 손실이 적은 콜리플라워를 브로콜리 대신 사용해 보세요.

영양정보

＊돼지고기는 고영양 식품으로 단백질, 비타민 A, E, B가 함유되어
피로 회복과 빈혈, 성장 발육에 좋습니다.

＊고구마는 탄수화물, 칼륨 미네랄, 칼슘이 많이 들어 있으며
섬유질이 많아 콜레스테롤을 배출하며 비타민C가 풍부, 피부 미용에 좋습니다.

돼지껍데기 편육

콜라겐 덩어리 돼지껍데기로 만든 편육은 야들야들 쫄깃하며 영양까지 겸비한 별미 간식이지요.
부드럽고 말랑말랑한 식감으로 고소한 맛을 자랑한답니다.
삶아 낸 돼지기름은 버리고 한천으로 굳혀 만들어 기름 걱정 없는 편육 간식이랍니다.

재료 준비

　돼지껍데기 **364g** / 녹색 파프리카 **45g** / 노랑 파프리카 **45g** / 빨간 파프리카 **45g** / 한천 **7g**
★ 완성 **846g**

만들기

❶ 냄비에 돼지껍질이 잠길 만큼 물을 담고 돼지껍질과 월계수 잎을 넣고 흐물흐물 해질 때까지 끓인다.

❷ 삶아낸 돼지껍질은 한 김 식힌 후 깨끗한 물에 씻는다.

❸ 파프리카는 잘게 썰어 둔다.

❹ 프라이팬에 물 500ml와 썰어 둔 파프리카를 넣고 채소가 익을 때까지 끓인다.

❺ 채소가 익어 가면 불려 놓은 한천을 넣고 약한 불에서 천천히 저어가며 한천을 녹인다.

❻ 한천이 녹으면 식혀 둔 돼지껍질을 얇게 썰어 넣고 잘 섞는다.

❼ 틀에 ❻을 붓고 실온에서 식힌 후 냉장실에 넣어 굳힌다. 편육이 굳으면 먹기 좋은 크기로 자른다.

쿠킹 TIP

★ 돼지껍데기 삶은 물을 사용하지 않는 대신 식물성 한천가루를 넣고 굳혀 주어야 해요.
★ 다양한 채소를 넣어 보세요.

영양정보

* 돼지껍데기는 콜라겐이 많이 함유된 고단백 저지방식품입니다.
피부 미용, 성장 발육에 효과가 있습니다.

* 파프리카는 비타민 A, 비타민C가 풍부하며 식이섬유가 많으며
피부 건강, 피로 회복에 효과적입니다.

캐롭 컵케이크

모양은 초콜릿 케이크 모양이지만 강아지가 먹을 수 있도록 캐롭을 이용해 만들었어요.
카페인과 테오브로민 성분이 함유된 초콜릿은 강아지가 절대 먹어서는 안 되는 식품 중 하나예요.
초콜릿 대신 카페인은 들어 있지 않으면서 무기질이 풍부한 캐롭은 초콜릿을 대신하여
비슷한 향과 맛을 느낄 수 있는 재료랍니다.
부드러운 닭 안심과 자연 당분의 초코향이 달달한 캐롭 파우더를 넣고 3분 뚝딱!
전자레인지로 만드는 컵케이크예요.

재료 준비

닭 안심 **145g** / 캐롭 파우더 **15g** / 달걀 **1개** / 올리브오일 **2큰술** / 우유 **3큰술**
★ 완성 **191g**, 전자레인지 3분

만들기

❶ 닭 안심을 다져서 준비한다.

❷ 볼에 달걀을 푼 뒤 올리브 오일, 우유를 넣고 젓는다.

❸ 달걀 물에 캐롭 파우더를 넣고 거품기로 풀면서 섞는다.

❹ 여기에 다진 닭 안심을 넣고 섞어 반죽을 만든다.

❺ 머핀 컵 또는 내열 용기에 반죽을 넣고 전자레인지에 3분 돌린다.

쿠킹 TIP

★ 내열 가능한 용기 및 머그컵을 이용할 수 있어요.

★ 전자레인지마다 익는 시간이 조금씩 다를 수 있어요. 2분 30초 후에 꺼내서 젓가락으로 찔러 보아 반죽이
   묻어 나오는지 확인 후 반죽이 묻어 나오면 30초 정도 더 돌리세요. 반죽을 파운드 틀 가득 부어 주세요.

영양정보

* 닭 안심은 지방과 콜레스테롤의 함량이 매우 낮은 고단백 식품입니다.
떡떡하지 않고 부드러운 식감이며 대부분 다른 식재료와 잘 어울려서
강아지 간식 재료로 많이 쓰입니다.

* 캐롭 파우더는 콩과류에 속하는 열매를 구워 말린 가루입니다.
초콜릿 향이 나며 칼슘이 풍부한 저지방 식품으로
세균 증식을 억제, 설사를 멈추게 하는 효과가 있습니다.
자연당분으로 달달한 맛이 나서 강아지들이 좋아하며
강아지 베이킹 간식에 많이 사용됩니다.
맛과 향이 좋아 사료 위에 뿌려 급여하기도 합니다.

나의 반려견에게 필요한
14 성장기 고단백 간식

하루하루 다르게 쑥쑥 성장하는 강아지에게는 영양 공급이 무엇보다 중요해요.
면역력을 높이면서 성장기에 필요한 고단백 재료를 사용해서
뼈, 근육, 신경, 연골 생성 등에 필요한 에너지를 만들 수 있도록
도움이 되는 간식을 만들었어요.

끼니에서 채우지 못한 부족한 영양소를 간식으로 채워 주세요.
이 시기에 강아지에게 필요한 견주와의 교감을 간식을 주면서 쌓을 수도 있답니다.
다양한 성장기 강아지를 위한 레시피로 건강한 간식을 만들어 보세요.

❶ 돼지꼬리 육포 / ❷ 메추리 연어 볼 / ❸ 오리 함박스테이크 / ❹ 치킨 스테이크 / ❺ 황태·디포리 소고기말이

돼지꼬리 육포

성장발육에 좋은 돼지꼬리를 그대로 건조시킨 천연 육포랍니다.
영양 섭취에도 좋고 물고 뜯는 동안 스트레스 해소에도 좋지요.
쫄깃쫄깃한 식감은 씹을수록 고소해요.

재료 준비

돼지꼬리 **8개** / 월계수 잎 / 식초

★ 완성 **532g**, 육포 **8개** / 식품건조기 70℃ 15시간 건조

만들기

❶ 돼지꼬리는 식촛물에 담가 소독한다.

❷ 꼬리에 붙어있는 털을 면도칼로 밀어 잔여물을 제거한다.

❸ 냄비에 돼지꼬리와 월계수 잎을 넣고 삶아 기름을 제거한다.

❹ 삶아진 돼지꼬리는 깨끗이 씻고 물기를 제거한다.

❺ 돼지꼬리를 비스듬히 놓고 사선으로 칼집을 낸다.

❻ 식품건조기 트레이 위에 종이 호일을 깔고 돼지꼬리를 올려 70 ℃에서 15시간 건조한다.

❼ 건조된 돼지꼬리는 키친타월로 기름을 닦아낸다.

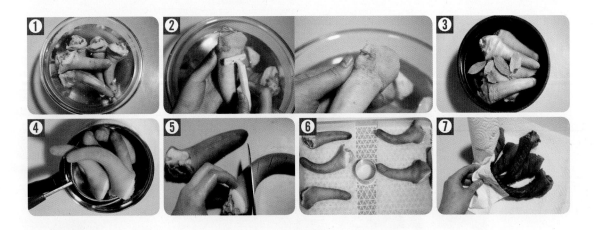

쿠킹 TIP

★ 돼지꼬리는 두꺼워서 칼집을 내주어야 건조시간을 단축할 수 있어요.

★ 건조할 때는 기름이 많이 나와 건조기 트레이 위에 종이 호일을 깔아두면 청소가 편하답니다.

★ 누린내가 싫다면 우유에 담가 냄새를 제거하고 건조하세요.

★ 소형견 강아지에게 급여시에는 반으로 컷팅 후 건조하는 게 좋아요.

영양정보

*돼지꼬리는 고영양 식품으로 단백질과 영양소가 풍부합니다.
비타민B1, 철, 인, 칼슘 및 각종 미네랄이 풍부하여
기력 회복과 성장 발육에 좋습니다.
또한 돼지꼬리에는 콜라겐이 풍부해서 피부 탄력 유지에 도움을 줍니다.
하지만 고칼로리이므로 적당량을 급여해야 합니다.

메추리 연어 볼

연어 안에 메추리알이 쏘옥 박힌 동글동글 볼 간식이예요.
연어 살을 곱게 다져 입안에서 부드럽게 부서진답니다.
오븐에 구워 칼로리는 낮고 영양은 풍부한 성장기 강아지에게 좋은 간식이랍니다.

재료 준비

연어 **135g** / 쌀가루 **15g** / 메추리알 **10개**
★ 완성 **204g**, 볼 **10개** / 오븐 170℃ 20분 굽기.

만들기

❶ 메추리알은 중간 불에서 뚜껑을 덮고 완숙으로 익히고 찬물에 헹궈 껍질을 벗긴다.

❷ 메추리알을 굴려가며 쌀가루를 살짝 묻힌다.

❸ 연어는 껍질을 벗기고 잘게 다진다.

❹ 볼에 다진 연어와 쌀가루를 넣고 섞어 반죽을 만든다.

❺ 반죽을 조금 떼어 메추리알을 감싼다.

❻ 반죽을 꾹꾹 눌러가며 다듬어 모양을 잡는다.

❼ 유산지를 깐 오븐 팬에 반죽을 올리고 170℃에서 20분 구워낸다.

쿠킹 TIP

★ 자연산 연어는 염분이 낮은 편이지만 남아 있는 염분 제거를 위해 찬물에 30분 정도 담근 후 사용하면 좋습니다.

★ 껍질 손질이 되어 판매되는 메추리알은 염분이 들어 있어요. 되도록 사용하지 않는 게 좋아요.

영양정보

＊메추리알은 비타민A, B_1, B_2가 풍부하며
양질의 단백질과 필수아미노산이 풍부합니다.
칼로리가 낮아 다이어트에 효과적이며
성장 발육, 회복기 강아지에게 좋습니다.

＊연어는 EPA, DHA, 오메가3, 불포화 지방산을 함유하여
고혈압, 동맥경화, 심장병 등 혈관 질환 예방에 효과가 있습니다.
또한 항산화 작용과 콜레스테롤을 제거하는 작용이 있어
암 예방에도 도움이 됩니다.

오리 함박스테이크

불포화지방산이 풍부한 오리고기는 보양식으로 좋은 식재료예요.
콩의 영양을 고스란히 담고 있는 고단백 두부를 함께 넣어 부드러운 스테이크로 만들었어요.
특별한 날 만들어 주어도 좋은 근사한 간식이랍니다.

재료 준비

오리 120g / 두부 40g / 쌀가루 50g / 브로콜리 15g / 달걀 1개 / 파슬리 약간 / 가쓰오부시 약간 / 올리브오일 약간

★ 완성 지름11cm 스테이크 2개

만들기

❶ 끓는 물에 데쳐 염분을 제거한 두부는 면보에 싸서 물기를 제거한다.

❷ 브로콜리는 살짝 데치고 잘게 썬다.

❸ 오리고기는 다져서 준비한다.

❹ 볼에 다진 오리고기와 브로콜리, 두부, 달걀, 쌀가루를 넣고 섞는다.

❺ 찰기가 생길 때까지 충분히 치대어 반죽한다.

❻ 지름 11cm 크기로 둥글넓적하게 빚는다.

❼ 프라이팬에 올리브 오일을 두르고 중불에서 앞뒤로 익히다 약불로 줄이고 물을 붓고 뚜껑을 닫아 속까지 익힌다.
  파슬리를 뿌리고 가쓰오부시로 토핑한다.

★ 보관 및 급여 방법 : 미리 만들어 냉동고에 얼려두면 편해요. 급여할 땐 데워서 급여하세요.

쿠킹 TIP

★ 오랫동안 반죽을 치대 주어야 구웠을 때 부서지지 않고 모양을 유지해요.

★ 강아지에게 지방 섭취는 필요하지만 지방과다는 위험해요.

★ 기름을 두른 팬에 스테이크 겉면이 익으면 물을 붓고 속까지 익혀 내면 조리시 기름의 양을 줄일 수 있어요.

★ 오리고기 대신 단백질이 풍부한 소고기를 사용해도 좋아요.

영양정보

* 두부는 콩을 갈아 만든 식품으로 식물성 단백질이 풍부합니다. 소화흡수율이 높아 콩의 영양을 완전하게 흡수할 수 있는 건강식품입니다.

* 오리고기는 단백질, 비타민C, 철분, 불포화지방산이 풍부합니다. 기력 강화와 피부, 털, 발톱 건강에 좋으며 콜레스테롤을 낮추어 혈관질환 예방, 혈관 강화에 효과가 있습니다.

치킨 스테이크

닭 가슴살이 쫄깃쫄깃 씹을수록 고소해요.
신선한 닭 가슴살로만 구워내도 담백하고 맛이 좋답니다.
고단백 저칼로리 간식으로 먹기에도 부담 없지요.
오븐에 구워내기만 하는 간단한 조리법으로 영양 보충이 필요한
강아지에게 만들어 주기 좋답니다.

재료 준비

닭 가슴살 **136g** / 바질 약간 / 올리브 오일 약간

★ 오븐 180℃ 30분 굽기.

만들기

❶ 닭 가슴살은 깨끗이 씻은 후 물기를 제거하고 칼집을 내어 준비한다.

❷ 닭 가슴살에 올리브 오일을 바른다.

❸ 유산지를 깐 오븐 팬 위에 닭 가슴살을 올리고 바질을 뿌려 180℃오븐에서 30분 구워낸다.

쿠킹 TIP

★ 지방이 적은 닭 가슴살 또는 안심 부위를 선택하세요.

★ 오븐 없이 조리할 때는 프라이팬에 닭고기를 올리고 약한 불에서 익혀주세요.

★ 채소와 함께 급여하면 더욱 좋습니다.

★ 바질은 향기가 강하기 때문에 소량만 사용하세요. 파슬리로 대체해도 좋아요.

영양정보

* 닭고기는 담백하고 부드러운 육질을 가졌습니다.
양질의 단백질을 포함하는 필수아미노산 함유량이 다른 육류보다 높으며
비타민A는 소고기나 돼지고기보다 10배 많습니다.
풍부한 필수아미노산으로 심장, 이빨, 뼈를 튼튼하게 하며
두뇌와 뇌 건강에도 좋습니다.

* 바질은 비타민, 철분, 베타카로틴이 함유된 향신료입니다.
소화를 촉진, 소화불량 해소와 비만, 노화 방지, 이뇨작용,
면역력을 높여 주는 효과가 있습니다.

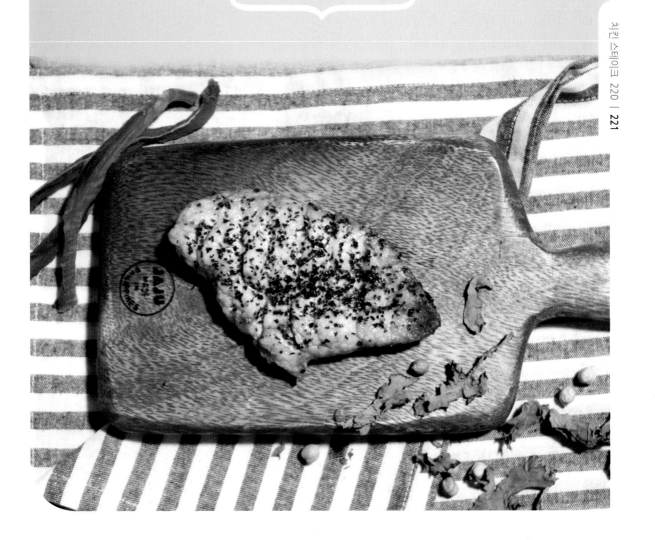

황태 · 디포리 소고기 말이

영양가 높은 소고기와 황태, 디포리의 세 가지 맛을 즐길 수 있는 간식이예요.
성장기 강아지에게 좋은 고단백 재료만 사용했답니다.
바삭바삭 씹히는 디포리와 황태를 소고기로 돌돌 말아 건조했어요.
세 가지 재료 모두 기호성이 좋아서 강아지에게 인기 있는 간식이랍니다.

재료 준비

소고기 **180g** / 디포리 **8개 (45g)** / 황태 **8개 (30g)**
★ 완성 말이 **8개** / 식품건조기 65℃ 12시간 건조

만들기

❶ 황태와 디포리는 찬물을 수시로 갈아주며 염분을 제거한다.

❷ 소고기는 식촛물에 소독 후 8×4cm 크기로 자르고 얇게 펴서 준비한다.

❸ 얇게 편 소고기 위에 디포리와 황태를 올린다.

❹ 소고기 가장자리를 접어가며 풀어지지 않게 돌돌 말아준다.

❺ 건조기 트레이 위에 올리고 65℃에서 12시간 건조한다.

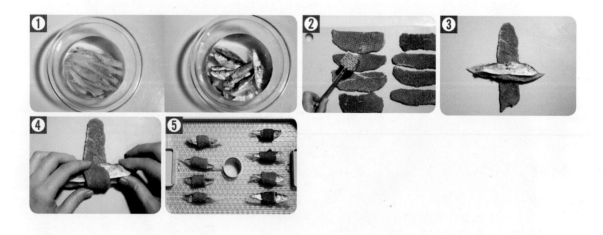

쿠킹 TIP

★ 소고기는 밀대로 밀어주면 균일한 두께로 펼 수 있어요.

영양정보

* 소고기는 영양가가 높으며 단백질과 필수아미노산이 풍부하여
성장기 강아지에게 좋습니다.
지방이 거의 없는 홍두깨, 사태 부위를 사용하는 것이 좋습니다.

* 황태는 저지방 고단백 식품으로 콜레스테롤이 거의 없고 영양가가 높아
신진대사를 활성화시켜 성장기 강아지에게 좋은 식재료입니다.

* 디포리는 칼슘, 불포화지방산, 철분 성분이 함유되어
골다공증 예방 및 피부 미용, 체력 증진 효과가 있습니다.

나의 반려견에게 필요한
15 스트레스 해소 간식 ⟫

주인의 앞에서는 꼬리를 흔들고 애교를 부리며 늘 밝아 보이는 강아지도 다양한 원인에
의해 스트레스를 받는다고 해요. 근본적인 원인을 해결해 주는 게 가장 좋은 방법이지만
씹고 뜯는 욕구를 충족시켜 주는 것도 스트레스 해소의 한 방법이랍니다.
주인과 떨어져 혼자 지내는 시간이 많아 외로움과 지루함을 느끼는 강아지에게
오랫동안 뜯을 수 있는 뼈 간식이나 질긴 육포를 만들어 주면 잠시나마 스트레스도
잊을 수 있고 씹으면서 치석 제거 효과도 볼 수 있답니다. 스트레스를 해소할 수 있는
간식을 만들어주고 하루에 산책 10분이면 스트레스 없이 강아지의 삶의 질을
높일 수 있는데 도움이 될 거예요. 뼈 간식은 오랫동안 먹을 수 있는 장점이 있지만
뼛조각이 목에 걸리지 않도록 늘 주의해야 합니다. 또한 너무 많이 급여하면 변비를
유발하기 때문에 적당한 양을 급여해야 합니다.

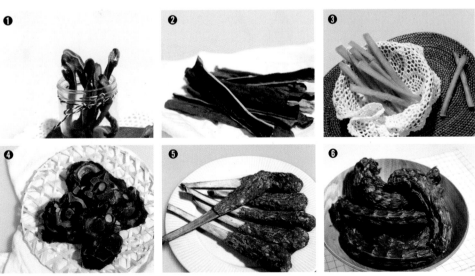

❶ 돼지 귀 육포 껌 / ❷ 상어스킨 / ❸ 소떡심 / ❹ 송목 / ❺ 양립 오리방망이 / ❻ 오리 목뼈

돼지 귀 육포 껌

돼지 귀는 연골로 되어 오독오독 씹히는 재미가 있어요. 돼지 귀를 건조해서 고소한 육포 껌 간식으로 만들었어요.
다른 뼈 부위에 비해 연골이 연해서 소형견뿐만 아니라 모든 견종이 먹기에 좋답니다.
딱딱한 뼈 간식은 부담스럽고 오랫동안 씹으면서 먹을 수 있는 간식을 찾는다면 돼지귀로 육포 껌을 만들어 보세요.

재료 준비

돼지 귀 2장 / 월계수 잎 / 식초

★ 완성 **194g** / 식품건조기 건조 70℃ 15시간

만들기

❶ 돼지 귀는 식촛물에 담가 소독한다.

❷ 가운데 연골을 가위로 잘라 펼친다.

❸ 면도기를 이용해 귀 안쪽 털과 잔여물을 제거한다.

❹ 냄비에 돼지 귀와 월계수 잎을 넣고 삶아 기름을 제거한다.

❺ 삶은 돼지 귀를 결 방향으로 길게 자른다.

❻ 식품건조기 트레이 위에 종이 호일을 깔고 슬라이스 한 돼지 귀를 70℃에서 15시간 건조한다.

❼ 건조된 돼지 귀는 키친타월로 기름을 닦아낸다.

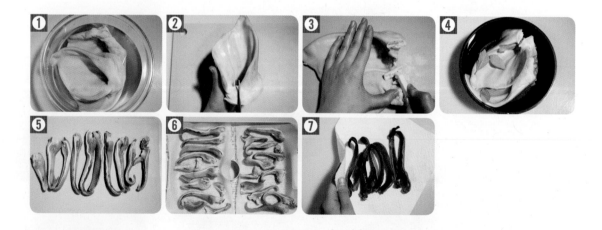

쿠킹 TIP

★ 돼지 귀는 기름과 불순물이 많아 한번 삶아 주는 게 좋아요.

★ 삶을 때 월계수 잎을 넣어 주면 비린내를 제거할 수 있어요.

★ 기름이 많아 식품건조기 트레이 위에 종이 호일을 깔아주면 청소가 편하답니다.

★ 대형견은 돼지 귀 전장을 자르지 않고 통으로 건조해 주는 것도 좋아요.

영양정보

* 돼지 귀는 연골로 이루어져 있으며
콜라겐과 칼슘이 풍부하며 뼈 건강과,
피부 미용에 도움을 줍니다.
치석 제거 및 스트레스에 효과가 있습니다.

상어스킨

피모 개선에 효과가 있는 고단백 상어스킨 껌은 영양가 높은 간식이랍니다.
껍질 안쪽에 상어의 살점이 붙어 있고 껍질은 쫄깃한 식감이예요.
상어는 특유의 비릿한 향이 나지만 강아지들이 좋아해요.

재료 준비

상어스킨 **500g** / 식초

★ 완성 **78g** / 식품건조기 65℃ 12시간 건조

만들기

❶ 상어 껍질은 찬물에 반나절 이상 담그고 수시로 물을 갈아주며 충분히 염분을 제거한다.

  염분을 제거한 상어 껍질은 식촛물에 담가 소독한다.

❷ 껍질에 2cm폭 칼집을 내고 난 후 가위로 자른다.

❸ 식품건조기 트레이 위에 자른 상어 껍질을 나란히 올리고 65℃에서 12시간 건조한다.

쿠킹 TIP

★ 상어 껍질은 질겨서 칼로 잘 잘라지지 않으니 가위를 이용하세요.

영양정보

* 상어는 고단백 저지방 식품으로
고기에는 오메가3 지방산, DHA, 콜라겐 등이 풍부합니다.
시력, 피부질환 개선, 항산화 작용에 도움을 줍니다.

소떡심

소 등심 부위에 있는 근육과 뼈를 붙여주는 길게 연결된 인대를 소떡심이라고 해요.
소떡심은 지방을 제거하고 건조하면 간질간질 이가 가려운 강아지에게 안성맞춤 이갈이 간식이 된답니다.
질겅질겅 질기고 쉽게 잘라지지 않아 씹고 싶은 욕구를 충족시켜주기 좋아요.

재료 준비

소떡심 **560g** / 식초 / 밀가루 약간

★ 완성 **300g** / 식품건조기 65℃ 10시간 건조

만들기

❶ 소떡심은 식촛물에 담가 소독한다.

❷ 소떡심 겉면에 붙은 지방 막을 가위로 벗겨낸다.

❸ 볼에 손질한 소떡심과 밀가루를 넣고 손으로 문질러 닦아낸다.

❹ 소떡심은 깨끗하게 씻고 1cm폭으로 길게 잘라 식품건조기 트레이 위에 올린다. 65℃에서 10시간 건조한다.

쿠킹 TIP

★ 건조 시간은 원하는 상태에 따라 조절할 수 있어요.

★ 소떡심 비계 손질이 어렵다면 손질된 소떡심을 구입하면 간편하게 만들 수 있어요.

영양정보

* 소떡심은 소 등심 부위에 있는 근육과 뼈를 붙여주는 결합조직으로
길게 연결된 인대입니다.
콜라겐과 단백질, 섬유질이 풍부하며
다량의 젤라틴 성분이 들어있어 관절 건강에 좋습니다.
하지만 고칼로리로 적당량을 급여해야 합니다.

송목

송아지 목뼈 하나면 뼈 뜯느라 시간가는 줄 모를 거예요.
살코기도 제법 많이 붙어 있고 기호성이 높아 인기가 좋답니다.
뼈를 건조해 만드는 간식들은 대부분 긴 건조 시간만 제외하면 쉽고 간단하게 만들 수 있어요.
송아지 목뼈는 오랫동안 물고 뜯을 수 있어 스트레스 풀어 줄 간식으로 제격이랍니다.

재료 준비

송목 500g/ 식초

★ 완성 224g / 식품건조기 건조 65℃ 12시간 건조

만들기

❶ 찬물에 송아지 목뼈를 담그고 핏물을 뺀다.

❷ 뼈에 붙어 있는 지방을 가위로 제거한다.

❸ 손질한 송아지 목뼈는 식촛물에 담가 소독한다.

❹ 식품건조기 트레이 위에 종이 호일을 깔고 송아지 목뼈를 올린다. 65℃ 12시간 건조한다.

쿠킹 TIP

★ 뼈 간식은 핏물이 많아요. 건조기 트레이 위에 종이 호일을 깐 후 건조하면 청소가 간편하답니다.

영양정보

* 목뼈에 붙은 송아지 고기는 단백질과 필수 아미노산,
각종 비타민이 많이 함유되어 있으며 뼈를 튼튼하게
하고 부종, 설사에 도움을 줍니다.
적은 지방과 많은 양의 수분을 가지고 있어 소화 흡수가 잘됩니다.

양립 오리방망이

양립 뼈대에 오리고기와 다진 채소로 반죽을 만들어 두툼하고 단단하게 건조했어요.
살점이 없는 뼈 간식에 실망했다면 더욱 만족하게 될 거예요.
오리고기와 섬유질과 각종 비타민C가 많은 채소까지 함께 섭취할 수 있어 더욱 좋아요.

재료 준비

양립 500g / 오리 안심 300g / 양배추 80g / 파프리카 75g / 쌀가루 60g / 식초

★ 완성 356g, 10개 / 식품건조기 70℃ 10시간 건조

만들기

❶ 찬물에 양립을 담그고 핏물을 뺀다.

❷ 양립에 붙은 지방을 칼로 긁어 도려낸다.

❸ 손질한 양립은 식촛물에 소독한다.

❹ 양배추는 삶아서 면보에 걸러 물기를 꼭 짠다.

❺ 파프리카는 깨끗이 씻어 씨를 발라내고 잘게 썬다.

❻ 볼에 파프리카, 양배추, 다진 오리 가슴살과 쌀가루를 넣고 한 덩어리가 되도록 잘 치댄다.

❼ 반죽을 동그랗게 뭉쳐 양립 한쪽 면에만 붙인다. 식품 건조기 트레이 위에 올리고 70℃ 10시간 건조한다.

쿠킹 TIP

★ 냉장고 속에 남은 채소를 활용해 보세요.

영양정보

* 양파는 저지방 고단백, 고칼슘 식품으로 기력회복에 좋으며 독성 해소와 장내 해독 살균 효과가 있습니다.

* 오리는 풍부한 아미노산을 가지고 있어 기력 회복에 좋으며 다량의 불포화지방을 함유해 피부 건강, 혈관 건강에 좋습니다. 또한 칼슘, 철, 인, 비타민C, 비타민B가 풍부하여 혈중 콜레스테롤을 낮추며 혈액의 흐름을 원활하게 해줍니다. 하지만 고칼로리로 적당량을 급여해야 합니다.

오리 목뼈

오리 목뼈는 연골로 되어 있어 단단하지 않고 부드럽게 부서져서
위험하지 않고 먹기에 좋은 뼈 간식이예요.
연골 사이에 강아지들이 좋아하는 맛이 숨어있어요.
스트레스 해소에도 좋고 치석 제거 효과도 좋은 천연 뼈 간식을 만들어 보세요.

재료 준비

오리 목뼈 **500g** / 식초

★ 완성 **250g** / 식품건조기 60℃ 12시간 건조

만들기

❶ 오리 목뼈를 찬물에 담가 핏물을 뺀다.

❷ 목뼈 겉에 붙어 있는 하얀 지방을 가위로 제거한다.

❸ 목뼈 안쪽을 가위로 잘라 펼친다.

❹ 뼈 안쪽에 붙은 지방을 깨끗이 제거한다.

❺ 손질한 목뼈를 식촛물에 담가 소독한다.

❻ 식품건조기 트레이 위에 종이 호일을 깔고 오리 목뼈를 올리고 60℃에서 12시간 건조한다.

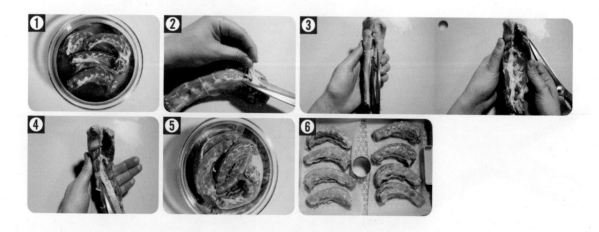

쿠킹 TIP

★ 건조 시간은 원하는 상태에 따라 조절할 수 있어요.

★ 오리 목뼈는 가위로 쉽게 자를 수 있어요. 소형견은 반 커팅 후 건조하는 것이 좋아요.

영양정보

*오리 목뼈는 칼슘이 풍부해서 뼈를 튼튼하게 해주며
체내에 쌓인 독소를 배출시키는 레시틴이 함유되어 있어요.
하지만 고칼로리로 적당량을 급여해야 합니다.

나의 반려견에게 필요한

16 식욕 부진 해소 간식

질병과 별다른 증상이 없는데도 식욕부진을 보이거나 입이 짧아 사료를
잘 먹지 않는 반려견에게 맛있게 먹을 수 있도록 입맛 돋우는 레시피를 준비했어요.

기호성이 좋고 영양이 풍부한 재료로 파우더를 만들면 사료와 함께 먹이거나
간식 만들 때 활용하는 등 다양하게 이용할 수 있어요.
또한 영양까지 풍부해 천연영양제의 역할도 한답니다.

입맛이 없을 때 사료 위에 솔솔 뿌려 주는 간편한 파우더 외에도 일반적인 식사에
함께 먹으면 입맛을 살릴 수 있는 다양한 조리법을 소개합니다.

❶ 멸치 파우더 / ❷ 사료 쿠키 / ❸ 소간 파우더 / ❹ 수제 통조림 / ❺ 연어 파우더 / ❻ 오리 후레이크 / ❼ 코티지 치즈 / ❽ 황태 파우더 / ❾ 황태 육수

멸치 파우더

고소한 멸치향이 가득한 천연 멸치 파우더예요

한번 만들어 놓으면 간식 만들 때 다양하게 활용할 수 있는 만능 파우더랍니다.

사료 위에 뿌리면 손쉽게 칼슘을 섭취할 수 있고 음식의 기호성도 높아져요.

재료 준비

멸치

★ 식품건조기 70℃ 9시간 건조

만들기

❶ 멸치 내장을 제거한다.

❷ 내장을 제거한 멸치는 찬물에 1시간 이상 담그고 수시로 물을 갈아 주며 염분을 제거한다.

❸ 2차 염분 제거를 한다. 끓는 물에 거품을 걷어내며 멸치를 데친다. 2회 반복한다.

❹ 염분을 제거한 멸치는 깨끗이 씻어 물기를 제거한다.

❺ 식품건조기 트레이 위에 멸치를 올리고 70℃에서 9시간 건조한다.

❻ 믹서에 건조된 멸치를 넣고 곱게 간다.

쿠킹 TIP

★ 멸치 내장에는 칼슘과 비타민B, 아미노산이 풍부하게 함유되어 있어요. 내장을 제거하지 않고 사용해도 좋아요.

★ 시중에 판매되는 멸치는 나트륨이 다량 첨가되어 있어 꼼꼼히 염분 제거를 해줘야 해요.

영양정보

＊ 멸치는 지방과 열량이 적고 칼슘, 각종 무기질, 오메가3 지방산과
항산화 효과에 좋은 타우린을 다량으로 함유하고 있습니다.
골다공증 예방, 성장발육 촉진, 뼈를 튼튼하게 하는 효과가 있습니다.

사료 쿠키

사료를 잘 먹지 않거나 먹지 않아 남은 사료가 있다면 사료 쿠키를 만들어 보세요.
잘 먹지 않던 사료도 좋아하는 간식으로 변하게 될 거예요.
고구마가 더해져 폭신폭신 부드럽게 씹히는 맛있는 쿠키랍니다.

● 재료 준비

사료 **110g** / 고구마 **120g** / 쌀가루 **20g** / 황태 **1큰술** / 달걀 **1개** / 꿀 **1큰술**
★ 완성 **256g**, 쿠키 **15개** / 오븐 170℃ 15분 굽기.

● 만들기

❶ 믹서에 사료를 넣고 곱게 간다.

❷ 고구마는 껍질을 벗기고 쪄서 으깬다.

❸ 볼에 달걀과 꿀을 넣고 거품기로 저어준다.

❹ 달걀 물에 으깬 고구마와 곱게 간 사료, 황태가루를 넣는다.

❺ ④에 체 친 쌀가루를 넣고 주걱으로 자르듯이 섞는다.

❻ 유산지를 깐 오븐 팬 위에 반죽을 숟가락으로 떠서 올린다. 170℃에서 15분 구워낸다.

● 쿠킹 TIP

★ 기호도를 높이기 위해 고구마와 꿀, 황태 파우더를 추가했어요. 황태 파우더는 다른 파우더로 대체하거나 빼도 무방해요.

★ 반죽이 너무 되직하면 우유 1큰술 넣어주세요.

★ 쿠키 틀을 이용하면 예쁜 모양으로 만들 수 있어요.

영양정보

* 사료 안에는 모든 영양소가 잘 갖추어져 있습니다.

* 꿀은 미네랄과 비타민이 함유되어
피부 미용, 피부 재생, 노화 방지, 피로 회복, 기력 회복,
정력에 좋으며 항산화 성분이 많습니다.
단맛을 느끼는 강아지에게 좋은 천연 감미료입니다.

소간 파우더

눈 건강과 눈물자국에 효과 좋은 소간을 믹서에 곱게 갈아 분말 형태의 파우더로 만들었어요.
반려견을 위해 집에서 만들 수 있는 천연 영양제이지요.
파우더로 만들어 놓으면 급여하기에 편하고 다양한 간식 레시피에 사용할 수 있는 재료가 된답니다.

● 재료 준비

소간

★ 식품건조기 70℃ 10시간 건조

● 만들기

❶ 소간은 찬물에 3시간 이상 담가 핏물을 뺀다.

❷ 소간에 붙은 지방은 제거한다.

❸ 식촛물에 자른 소간을 1시간 소독한다.

❹ 종이 호일을 깐 식품건조기 트레이 위에 올리고 70℃에서 10시간 건조한다.

❺ 믹서에 건조된 소간을 넣고 곱게 분쇄한다.

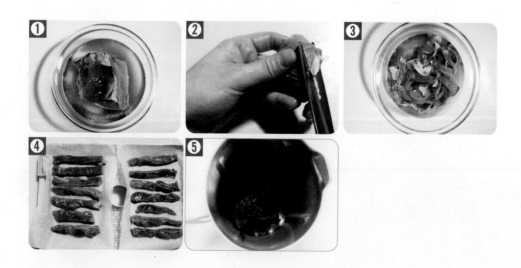

● 쿠킹 TIP

★ 소간 1kg을 구매해서 건조하면 비교적 많은 양이 나온답니다. 반은 소간 육포 간식으로 즐기고 나머지 반은
파우더로 만들어 사료에 섞어 주거나 다른 간식을 만들 때 첨가해서 사용해보세요.

영양정보

* 소간은 고단백으로 다른 육류에 비해 열량이 낮고
각종 비타민과 미네랄이 풍부합니다.
비타민A는 간세포와 눈을 보호하고
비타민C와 B는 신진대사를 촉진해 간 기능을 원활하게 해줍니다.
지속적으로 적당량을 급여하면 눈물자국 개선 효과를 볼 수 있습니다.

수제 통조림

만들어 두었다 사료에 섞어주면 한 끼 뚝딱하는 엄마표 수제 통조림이랍니다.
나의 반려견에게 필요한 영양소의 재료를 넣어 다양하게 만들 수 있어요.
어떠한 첨가물도 없이 만드는 신선한 홈 메이드 통조림을 만들어 보세요.

재료 준비

닭 안심 **90g** / 당근 **30g** / 브로콜리 **30g** / 물 **150ml** / 한천 **3g**

만들기

❶ 먹기 좋은 크기로 자른 닭 가슴살을 프라이팬에 물 1큰술 넣고 볶아 준비한다.

❷ 당근과 브로콜리는 잘게 다져 준비한다.

❸ 프라이팬에 물 150ml와 다진 당근, 브로콜리를 넣고 끓이다 채소가 익을 때 쯤 물에 불린 한천을 넣는다.

❹ 여기에 볶아 둔 닭 가슴살을 넣고 물이 자작해질 때까지 끓인다.

❺ 불을 끄고 황태 파우더, 소간 파우더를 넣고 저어 마무리한다.

❻ 보관용기에 담는다.

쿠킹 TIP

★ 채소를 다져 준비하는 동안 한천은 물에 불려 두세요.

★ 다양한 육류와 채소를 사용해 보세요.

★ 나들이 갈 때 무거운 사료 대신 수제 통조림을 챙겨보세요. 간편하고 좋답니다.

영양정보

*닭 가슴살은 저지방 고단백 식품으로 담백하고 육질이 부드러워
다양한 조리법을 활용할 수 있어 강아지 간식에서 가장 많이 사용하는 식재료입니다.

*한천은 우뭇가사리를 주재료로 가공한 식품입니다.
칼로리가 낮고 수용성 식이섬유가 풍부합니다.
포만감을 주어 다이어트에 효과적인 식재료입니다.

연어 파우더

연어의 풍미가 가득한 연어 파우더는 염분을 제거한 후 건조해 만들었어요.
피부와 모질에 좋은 비타민과 오메가3가 다량 함유된 연어는 사료 위에 뿌려주어도 좋고, 간식으로 즐겨도 좋답니다.
한번 만들어 놓으면 손쉽게 챙겨 줄 수 있어 더욱 좋아요.

재료 준비

연어 / 식초
★ 식품건조기 70℃ 11시간 건조

만들기

❶ 연어는 껍질을 벗기고 적당한 크기로 자른다.

❷ 손질한 연어를 찬물에 30분 이상 담가 염분을 제거한 후 다시 식촛물에 담가 10분간 소독한다.

❸ 식품건조기 트레이 위에 올리고 70℃에서 11시간 건조한다.

❹ 건조된 연어는 키친타월 위에 올려 기름을 닦아낸다.

❺ 믹서에 건조된 연어를 넣고 곱게 분쇄한다.

❻ 곱게 간 연어는 키친타월 위에 올리고 상온에서 30분 두어 자연 건조시킨다.

쿠킹 TIP

★ 연어는 건조 후에도 기름이 많아요. 키친타월 위에 올려 기름을 닦아내고 분쇄하세요.

* 연어는 단백질, 비타민, 오메가3, DHA, EPA가 함유되어 있어 성장, 소화 촉진, 콜레스테롤 제거, 암 예방, 동맥경화 예방, 뇌세포 활성, 피부 미용, 노화 예방에 좋습니다.

오리 후레이크

채소와 오리고기를 연어 오일로 볶은 고소한 간식이예요.
사료를 잘 먹지 않을 때 사료와 함께 섞어주면 한 그릇 뚝딱 해치운답니다.
집에 남은 각종 채소와 고기를 한 번에 볶아내면 되는 간단한 간식으로 강아지 입맛을 돋우기에 좋아요.

재료 준비

오리고기 **100g** / 고구마 **30g** / 파프리카 **15g** / 황태가루 **5g** / 연어 오일 **1큰술**
★ 완성 130g

만들기

❶ 재료준비 : 찐 고구마와 파프리카는 한 입 크기로 깍둑썰기 하고 오리고기는 먹기 좋은 크기로 썰어 준비한다.

❷ 팬에 모든 재료들을 넣고 연어 오일로 볶는다.

❸ 재료가 익으면 마지막에 황태가루를 뿌린다.

쿠킹 TIP

★ 오리는 지방이 적은 가슴살, 안심 부위를 사용하세요.

★ 다양한 채소를 넣어 만들 수 있어요.

★ 연어 오일 대신 올리브 오일 또는 코코넛 오일을 사용해도 좋아요.

영양정보

* 오리고기는 불포화지방산이 풍부한 영양보충으로 좋은 보양식입니다. 기력 강화와 피부, 털, 발톱 건강에 좋으며 콜레스테롤을 낮추어 혈관 질환 예방 , 혈관 강화에 효과가 있습니다.

코티지 치즈

몽글몽글 쫀득한 식감으로 집에서 손쉽게 만들 수 있는 수제 치즈랍니다.
고소한 맛으로 강아지들이 좋아해요.
다양한 간식 조리에 사용할 수 있고 사료 위에 토핑하여 먹어도 좋아요.
치즈는 우유보다 많은 단백질과 칼슘을 함유하고 있어 성장 발달에 좋답니다.
강아지가 잘 소화할 수 있도록 유당을 제거한 우유를 사용하고 어떤 첨가물도 넣지 않은
자연 그대로의 무염 코티지 치즈를 만들어 보세요.

재료 준비

우유1L / 식초
★ 완성 130g

만들기

❶ 냄비에 우유를 붓고 끓인다.

❷ 우유가 끓어오르면 식초를 넣고 살살 저어 엉기게 만든다.

❸ 우유가 응고되어 몽글몽글 해지면 면보에 거른다.

❹ 면보로 감싸 물기를 빼고 무거운 것을 올려두어 모양을 단단하게 잡는다.

쿠킹 TIP

★ 식초 대신 레몬즙을 사용해도 좋아요.

★ 우유를 소화하지 못하면 락토프리 우유, 강아지 전용 우유 또는 산양유 등 유당 과민반응이 적은 우유를 사용하세요.

* 치즈는 단백질과 칼슘이 풍부하게 들어있으며
체내의 칼슘 흡수율이 높아 성장기, 노령견에게 좋습니다.
치즈는 우유보다 소화 흡수가 좋은 식품입니다.

황태 파우더

황태는 필수 아미노산이 풍부한 고단백 식품으로 기력을 북돋아 주는 보양 간식 재료랍니다.
염분을 제거하고 건조시켜 무염 황태 파우더를 만들어 주면
입맛 없는 반려견의 식욕은 물론 영양까지 챙길 수 있어요.

재료 준비

황태

★ 식품건조기 70℃ 9시간 건조

만들기

❶ 황태를 찬물에 담그고 수시로 물을 갈아주며 1시간 이상 염분을 제거한다.

❷ 끓는 물에 황태를 거품을 걷어가며 끓인다. 2회 반복한다.

❸ 염분을 제거한 황태는 깨끗이 씻어 물기를 제거한다.

❹ 식품건조기 트레이 위에 황태를 올린다. 70℃에서 9시간 건조한다.

❺ 믹서에 건조된 황태를 넣고 곱게 분쇄한다.

영양정보

＊황태는 저지방 고단백 보양식품으로 원기회복, 피로회복에 큰 효과가 있습니다.
필수 아미노산이 풍부하며 칼슘, 비타민A, 비타민B1, 비타민B2 등
각종 무기질이 함유 되어있습니다.
두뇌 발달, 치매 예방에 좋고 항산화작용 효과가 있어
유해한 활성 산소를 제거하며 노화 방지에 도움을 줍니다.

황태 육수

무염 황태 파우더로 손쉽게 만들 수 있는 황태 육수를 소개합니다.
황태 파우더를 사료 위에 뿌려 주어도 좋지만 육수를 만들어 사료를 말아주거나
육수만 마셔도 부족한 수분 섭취와 기력 보충을 할 수 있어요.
황태는 염분을 빼는 과정이 시간과 손이 많이 가므로 파우더를 만들어 두었다가
육수가 필요할 때 이용하면 빠르게 만들 수 있답니다.

재료 준비

황태 파우더 **10g** / 물 **500ml**

★ 황태파우더 만들기는 254P 참조

만들기

❶ 물500ml와 황태 파우더 10g를 준비한다.

❷ 냄비에 물과 황태 파우더를 넣고 5분정도 끓인다.

❸ 끓여진 황태 국물을 체에 걸러 내린다.

❹ 식힌 후 그릇에 담는다.

쿠킹 TIP

★ 체에 거르지 않고 사용하면 더욱 진한 풍미를 느낄 수 있어요.

★ 보관: 만들어둔 육수는 3~4일 냉장 보관 가능.

영양정보

*황태는 저지방 고단백 보양식품으로 원기회복, 피로회복에 큰 효과가 있습니다.
필수 아미노산이 풍부하며 칼슘, 비타민A, 비타민B1, 비타민B2 등
각종 무기질이 함유 되어있습니다.
두뇌 발달, 치매 예방에 좋고 항산화작용 효과가 있어
유해한 활성 산소를 제거하며 노화 방지에 도움을 줍니다.

나의 반려견에게 필요한

17 더운 여름철 간식 }

강아지는 털이 있어 몸으로 땀을 배출 시키지 못하는 더위에 약한 신체구조를
가졌어요. 견종에 따라 차이는 있지만 대부분의 강아지는 더위에 무척 약하답니다.

더위가 계속되면 탈수 현상을 일으키기 쉬우며 식욕을 잃고 무기력해질 수 있으니
수분 섭취와 고단백으로 영양을 보충해 주는 것이 중요해요.
강아지들이 가장 힘들어하는 여름을 잘 보낼 수 있도록 체력 유지를 위한 보양식과
몸을 차게하는 간식으로 시원한 여름을 보 낼 수 있도록 돕는 간식 레시피를
준비했어요. 한편, 찬 음식을 너무 많이 급여하면 배탈이 날수 있으니 주의하세요.

❶ 단호박 요거트 아이스크림 / ❷ 닭발 푸딩 / ❸ 돼지고기 두부말이 / ❹ 블루베리 아이스 / ❺ 오리 백숙

더운 여름철 간식

단호박 요거트 아이스크림

여름이 제철인 단호박으로 만드는 저칼로리의 시원한 아이스크림이랍니다.
달콤하고 시원해서 더운 여름철에 별미 간식으로 좋아요.
사람이 먹는 아이스크림은 각종 첨가물과 당분이 많이 함유되어있어요.
나의 반려견을 위한 안전한 아이스크림을 만들어 보세요.

재료 준비

찐 단호박 110g / 요거트 130g / 꿀 1큰술

만들기

❶ 단호박은 껍질을 벗기고 푹 쪄서 준비한다.

❷ 볼에 찐 단호박과 요거트를 넣고 꿀 1큰술을 더한다.

❸ 핸드 블렌더나 믹서를 이용해 곱게 간다.

❹ 밀폐용기에 곱게 간 단호박을 담고 냉동고에 얼린다.

❺ 단호박이 살짝 얼었을 때 꺼내어 포크로 긁어 고루 섞고 다시 얼린다. 2~3회 반복한다.

쿠킹 TIP

★ 당이 첨가 되지 않은 플레인 요거트를 사용해야 해요.

★ 단호박은 단맛이 강한 색깔이 진한 것으로 고르세요.

★ 아이스크림은 배탈이 날 수 있으니 소량만 급여하도록 하세요.

* 플레인 요거트는 유산균 함량이 높습니다.
유산균은 유해한 균의 활동을 막아주고 장 운동이 원활 할 수 있도록 도와줍니다.
다량의 비피더스균이 함유되어 항암 효과도 볼 수 있습니다.
그밖에도 저칼로리 식품으로 다이어트에 도움이 되며
면역력 강화, 피부 미용 효과가 있습니다.

* 단호박은 비타민A와 식이섬유가 풍부해요.
피부, 노화 방지, 눈의 피로에 효과가 있습니다.

* 꿀은 신진대사를 원활하게 해주어 피로 회복에 좋고
체내의 콜레스테롤과 혈관 노폐물을 제거해
혈액 순환과 고혈압 예방에 도움을 줍니다. 항균, 피부 건강에도 좋습니다.

닭발 푸딩

닭발을 푹 고아낸 육수로 만든 푸딩으로 닭발의 영양을 그대로 담았어요.
닭발 푸딩은 냉장고에 보관하고 하나씩 꺼내서 주는 시원한 간식이예요.
더운 여름철 시원하게 즐길 수 있는 보양간식이지요.
쫀득쫀득 탱글탱글한 식감이 별미랍니다.

재료 준비

닭발 500g / 닭 가슴살 85g / 물
★ 완성 625g

만들기

❶ 냄비에 깨끗이 씻은 닭발이 잠길 만큼 물을 넣고 끓인다.

　첫 번째 끓인 물은 버리고 다시 물을 붓고 센 불에서 끓이다 끓어오르면 약한 불로 줄여 2시간 이상 푹 고아준다.

❷ 푹 고아진 닭발은 건져서 식힌 후 뼈와 살을 분리한다.

❸ 닭 가슴살은 삶아서 찢어 놓는다.

❹ ①육수에 뼈를 발라낸 닭발과 닭 가슴살을 넣고 다시 한 번 끓인다.

❺ 준비된 틀에 ④를 붓고 냉장고에서 굳힌다.

쿠킹 TIP

★ 닭발은 불순물이 많아 깨끗이 씻어야 해요.

★ 무뼈 닭발을 사용하면 더 간편하게 만들 수 있어요.

★ 닭발만으로 만들어도 좋습니다.

영양정보

＊ 닭발에는 콜라겐이 다량 함유되어
피부 미용, 노화 방지, 관절염에 효과가 있습니다.
혈당 조절, 정력 강화, 면역 기능 향상에 도움을 주며
닭발에 함유된 DHA, EPA 등의 성분은
성장 발육을 돕고 무릎관절에 좋습니다.

돼지고기 두부 말이

돼지고기는 더위를 잘 타는 강아지에게 좋은 영양식 재료예요.
돼지고기 안에 담백한 두부와 채소를 넣고 돌돌 말아 만든 든든한 간식이랍니다.
두부를 듬뿍 넣어 칼로리는 줄이고 찜기로 쪄내 담백하고 부드러워요.
더위에 지쳐 입맛을 잃은 강아지의 식욕을 향상시키고 영양도 섭취할 수 있지요.

●● 재료 준비

돼지고기 **219g** / 두부 **180g** / 쌀가루 **40g** / 파프리카 **35g** / 당근 **35g**
★ 완성 **439g**

●● 만들기

❶ 돼지고기는 지방은 적은 부위로 준비하고 0.2~0.3 센티 두께로 넓고 얇게 썬다.

❷ 끓는 물에 데쳐 염분을 제거한 두부는 면 보자기에 싸서 물기를 제거한다.

❸ 볼에 두부와 쌀가루, 다진 당근과 파프리카를 넣는다.

❹ ③을 치대어 반죽한다.

❺ 돼지고기는 펼쳐서 쌀가루를 살짝 뿌리고 길게 빚은 반죽을 위에 올린다.

❻ 김밥 말듯이 돌돌 말아준다.

❼ 김이 오른 찜기에 15분 쪄낸다.

●● 쿠킹 TIP

★ 돼지고기는 지방이 적고 얇게 저미는 뒷 다리살 부위를 사용 하는 것이 좋습니다.

영양정보

＊ 돼지고기는 고영양 식품으로 단백질, 비타민 A, E, B가 함유되어
피로 회복과 빈혈, 성장 발육, 체력 회복에 효과적입니다.

＊ 두부는 소화 흡수율이 높아 콩의 영양을 완전하게
흡수할 수 있는 식품입니다.

더운 여름철 간식

블루베리 아이스

산뜻한 블루베리의 과육까지 맛있게 씹히는 아이스예요.
푹푹 찌는 무더위에 더위를 날려줄 시원한 디저트 간식이랍니다.
꽁꽁 얼려 하나씩 꺼내 주면 무더위는 잠시 잊게 될 거예요.

재료 준비

블루베리 150g / 플레인 요거트 150g

만들기

❶ 플레인 요거트와 신선한 블루베리를 준비한다.

❷ 믹서에 깨끗이 씻은 블루베리와 요거트를 넣고 곱게 간다.

❸ 아이스 틀에 요거트를 붓고 냉동실에 얼린다.

쿠킹 TIP

★ 당이 첨가되지 않은 플레인 요거트를 사용해야 해요.

★ 배탈이 날 수 있으니 소량만 급여하도록 하세요.

★ 단맛을 가미하고 싶을 땐 꿀을 넣어 만들어 보세요.

영양정보

* 블루베리는 안토시아닌이 풍부해 눈 건강에 좋으며
항산화 효과가 뛰어나 암, 심장질환, 노화 예방에 효과가 있습니다.

* 요거트는 유산균 함량이 높아 유해한 균의 활동을 막아주고
장운동을 원활히 할 수 있도록 도와줍니다.

오리 백숙

더운 여름에는 무기력해지고 입맛도 잃기 쉬워요.
특히 털을 가진 강아지들에겐 여름은 더욱 힘든 계절이지요.
풍부한 단백질이 함유된 오리 가슴살을 2시간 동안 푹푹 고아 피로는 풀고
기운은 솟는 오리 백숙을 만들었어요.
여름철 보양식으로 최고의 간식이랍니다.

재료 준비

오리 **180g**

만들기

❶ 냄비에 깨끗이 씻은 오리를 덩어리째 넣고 잠길 만큼 물을 붓고 끓인다.

   센 불에서 끓이다 끓어오르면 약한 불로 줄여 2시간 이상 푹 고아준다.

❷ 푹 고아진 오리고기는 건져서 먹기 좋은 크기로 살을 찢는다.

❸ 그릇에 고아낸 육수와 찢어 준비해 둔 고기 살을 담아내고 황태포를 올려 토핑 한다.

쿠킹 TIP

★ 오리고기를 끓이는 중에 위에 뜨는 거품과 기름은 제거해주세요.

★ 기름기가 적은 가슴살 또는 안심 부위를 사용하도록 하세요.

★ 단백질 함량이 높아 한 끼 식사로 대체 할 수 있어요.

영양정보

* 오리고기는 불포화지방산이 풍부해 보양식으로 좋은 재료입니다.
필수아미노산이 풍부해 기력회복에도 좋으며 오리고기의 불포화지방산은
칼슘, 철, 인, 비타민C, B가 풍부해 콜레스테롤을 낮추고
혈관질환 예방, 털과 피부건강에 도움이 됩니다.

나의 반려견에게 필요한

18 겨울철 간식

강아지는 추위에 강한 편이지만 추위를 타지 않는 것은 아니랍니다.
강아지도 추위를 타고 감기에도 걸린답니다.
겨울철에는 체온 유지를 위해 많은 에너지를 소모하기 때문에
고단백 식품과 면역력이 떨어지지 않도록 비타민을 섭취해 주는 것이 좋답니다.
추운 겨울철에 몸을 따뜻하게 하는 발한 작용 효능을 가진 재료를 이용한
간식 레시피를 소개합니다.

❶ 대구살 어묵 / ❷ 병아리콩 • 닭 안심 영양 죽 / ❸ 생강 차 / ❹ 소고기 배추 타코야끼 / ❺ 소고기 호떡 /
❻ 양토시살 연근 칩

대구살 어묵

고단백 저지방 대구살 속에 채소가 쏙쏙 들어간 수제 어묵이랍니다.
대구살은 몸을 따뜻하게 하고 감기를 예방하는 효과가 있어 겨울철에 영양과 맛을 동시에 만족시킬 수 있는 간식이예요.
수제 어묵이라고 하면 만들기 복잡하게 생각되지만 냉동 대구살을 이용하거나 전을 부치는
용도로 나온 대구살을 사용하면 간단하고 쉽게 만들 수 있어요.

● 재료 준비

대구살 **340g** / 당근 **40g** / 우엉 **35g** / 브로콜리 **35g** / 쌀가루 **40g** / 달걀노른자 **1개**
★ 완성 **393g**

● 만들기

❶ 포 뜬 대구는 면보에 펼쳐 물기를 제거한다.

❷ 물기를 제거한 대구는 믹서에 갈거나 곱게 다져 준비한다.

❸ 살짝 데친 우엉, 당근, 브로콜리는 잘게 다진다.

❹ 볼에 믹서에 간 대구와 다진 채소, 쌀가루, 달걀 노른자를 넣고 고루 섞는다.

❺ 어묵 반죽은 먹기 좋은 크기와 모양으로 빚는다.

❻ 프라이팬에 올리브 오일을 두르고 노릇하게 튀긴다.

❼ 튀긴 어묵은 키친타월 위에 올려 기름을 제거한다.

★ 보관 및 급여방법 : 밀봉하여 냉장 또는 냉동 보관하세요, 냉장 보관시 최대 7일 이내 급여하세요.

● 쿠킹 TIP

★ 시중에 판매되는 포 뜬 대구살을 사용하면 따로 손질할 필요 없이 간편해요. 그래도 혹시 남아 있을지 모르는 생선 가시는 제거해 주세요.

★ 생선살 반죽에 평소 잘 먹지 않는 채소가 있다면 다져서 넣어보세요.

★ 기름에 튀기는 간식이므로 지방과다가 되지 않도록 가끔씩만 주도록 합니다.

★ 기름이 부담스럽다면 찜기를 이용하면 담백한 어묵을 만들 수 있어요.

영양정보

*대구는 소화가 잘되며 지방이 매우 적은
고단백 저칼로리 식품입니다.
혈액 순환을 좋게 하고 몸을 따뜻하게 하며
감기 예방 효과가 있습니다.
흰살 생선으로 비타민 A와 D.E를 함유하고 있으며
뼈를 튼튼하게 하고 충치를 예방하는 데 도움을 줍니다.
특히 겨울이 제철인 식품으로 겨울철 간식 메뉴로 좋습니다.

병아리콩 · 닭 안심 영양 죽

고소하고 담백한 병아리콩을 갈아 따뜻하게 먹을 수 있는 죽을 만들었어요.

따뜻한 죽으로 추위도 달래고 영양도 보충할 수 있지요.

닭 안심을 넣어 입이 짧은 강아지도 좋아한답니다.

부드럽고 소화가 잘 되서 아픈 강아지에게 식사대용으로 급여해도 좋아요.

병아리콩과 닭 안심으로 고소한 맛과 건강을 챙길 수 있어요.

재료 준비

닭 안심 **70g** / 병아리콩 **30g** / 물 **300ml** / 쌀가루 **1작은술**

만들기

❶ 병아리콩을 3시간 정도 물에 불려 준비한다.

❷ 불린 병아리콩은 믹서에 물 300ml를 넣고 곱게 간다.

❸ 닭 안심 살은 다져서 준비한다.

❹ 냄비에 ②를 붓고 쌀가루 1작은술을 넣는다.

❺ 여기에 곱게 다진 닭 안심살을 넣고 중간 불에 올린 뒤 닭 안심살이 익도록 끓인다.

❻ 닭 안심살이 익어 가면 약한 불로 줄이고 저어가면서 마무리 한다.

쿠킹 TIP

★ 병아리콩은 건더기가 보이지 않도록 곱게 갈아야 부드러운 죽을 만들 수 있어요.

★ 쌀가루 대신 흰쌀밥을 사용해도 되요.

영양정보

* 병아리 콩은 식이섬유와 단백질이 풍부해 다이어트 식품으로 많이 쓰이며 칼슘, 철분 등 함유되어 빈혈, 골다공증에 좋습니다.

* 닭 안심은 지방과 콜레스테롤의 함량이 매우 낮은 고단백 식품입니다. 닭 가슴살에 비해 퍽퍽하지 않고 부드럽습니다.

홈메이드 생강 차

생강은 강아지에게도 좋은 뿌리채소랍니다. 혈액순환을 촉진하고 몸을 따뜻하게 해주는 감기예방에 좋은 재료예요.
생강을 푹 고아 찬바람 부는 겨울철 건강을 위한 차를 만들었어요. 어떠한 첨가물도 없이 만드는 건강한
수제 감기예방 차랍니다. 생강의 특유한 향은 강아지가 좋아하지는 않지만 감기 걸렸을 때 효과를 볼 수 있어요.
생강은 자극성이 강하기 때문에 소량만 급여해야 합니다.

재료 준비

생강 15g / 대추 15g / 배 ½개 / 물 1리터

만들기

❶ 대추와 배는 깨끗이 씻고 배는 적당한 크기로 자른다. 생강은 껍질을 모두 벗기고 씻어서 얇게 저민다.

❷ 냄비에 생강, 대추, 배를 넣고 물을 붓는다.

❸ 30분 이상 우러나도록 끓인다.

❹ 끓인 생강차를 체에 걸러 낸다.

❺ 꿀 1숟가락을 넣는다.

보관 : 유리병에 담아 냉장보관하고 급여시 미지근하게 데워주세요.

쿠킹 TIP

★ 대추와 배는 껍질째 사용해야 하므로 베이킹 소다에 담가서 깨끗하게 씻으세요.

★ 생강 자체는 자극적이기 때문에 적은 양만 급여하도록 합니다.

★ 꿀을 넣어도 잘 먹지 않는다면 파우더를 첨가해 보세요.

영양정보

＊ 생강은 몸을 따뜻하게 하고 혈액순환을 촉진하는 효과가 있습니다.
기침, 발한, 해열, 보온, 진통작용으로 겨울철 감기예방에 좋습니다.
또한 살균작용이 있으며 면역력 증진, 위액 분비 촉진, 소화력 증진
효과를 볼 수 있습니다.

＊ 배는 기관지 질환에 좋으며 해열 작용이 있어 열이 날 때도 효과적입니다.
그밖에도 감기 예방, 소화 촉진, 배변, 이뇨 작용을 돕습니다.

＊ 대추는 혈액순환을 개선시켜 몸을 따뜻하게 해주며
호흡기 질환, 이뇨 작용, 항암 효과, 노화 방지 등에 좋습니다.

소고기 배추 타코야끼

타코야끼 모양의 틀 없이도 튀기지 않고 만드는 겨울철 영양만점 간식이예요.
몸을 따뜻하게 하는 소고기에 겨울철 비타민C가 풍부한 배추를 듬뿍 넣고
동글동글 타코야끼 모양으로 만들어 구웠어요.
타코야끼 위에 가다랑어포를 올려 더욱 먹음직스럽답니다.

재료 준비

소고기 **150g** / 배추 **120g** / 쌀가루 **40g** / 달걀노른자 **1개** / 가츠오부시 약간
★ 완성 **231g**, 타코야끼 **10개** / 오븐 180℃ 15분 굽기

만들기

❶ 소고기는 곱게 다진다.

❷ 데친 배추는 잘게 다져서 면 보자기에 올려 물기를 꼭 짠다.

❸ 볼에 다진 소고기와 배추, 쌀가루, 달걀 노른자를 넣고 고루 섞어 반죽한다.

❹ 반죽을 지름 4cm 크기로 동그랗게 빚고 유산지를 깐 오븐팬 위에 나란히 올린다. 180℃ 15분 구워낸다.

❺ 구워진 타코야끼 위에 가츠오부시를 뿌려 토핑한다.

보관 : 냉장 보관은 5일 이내 급여하고 이후에는 냉동 보관하세요.

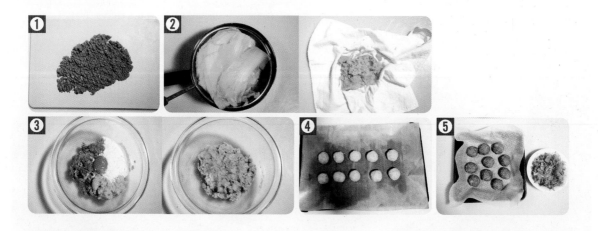

쿠킹 TIP

★ 오븐 없이 조리할 때는 프라이팬에 반죽을 올리고 약한 불에서 뚜껑을 덮고 익혀주세요.

★ 가다랑어포는 소량만 급여하도록 하세요.

영양정보

＊배추에는 비타민C가 풍부하게 들어 있어
배추의 제철인 겨울에 비타민C를 보급하기에 좋은 식재료입니다.
몸을 따뜻하게 하는 효과가 있으며 식이섬유소가 많아
장의 운동을 촉진시킴으로써 정장작용에 효과가 있습니다.

＊소고기는 비타민과 철분이 많이 들어 있어 몸을 따뜻하게 하는 효과가 있습니다.
철의 흡수를 높이는 비타민C의 함량이 많은 배추와 같이 먹으면 좋습니다.

소고기 호떡

겨울철 대표 길거리 음식인 호떡을 강아지 간식으로 만들었어요.
고구마 반죽에 소고기로 소를 채우고 멸치 파우더를 가미해 기호성을 높였어요.
기름에 튀기지 않고 오븐에 구운 담백한 호떡이랍니다.

재료 준비

반죽 : 고구마 **110g** / 쌀가루 **40g** / 멸치 파우더 **5g** / 달걀 노른자 **1개** / 물 **200ml** / 올리브 오일 **1큰술**
소 : 소고기 **120g**
★ 완성 **212g**, 지름9cm 호떡 **3개** / 오븐 180℃ 20분 굽기

만들기

❶ 팬에 잘게 썬 소고기를 볶아 소를 만든다.

❷ 찐 고구마, 쌀가루, 멸치 파우더, 달걀 노른자를 넣고 물을 붓고 섞는다.

❸ ②를 치대서 반죽하고 랩을 씌워 30분간 휴지 시킨다.

❹ 반죽을 적당량 떼어 내어 손바닥 크기로 넓게 펼친다.

❺ 볶아 준비해 둔 소고기 소로 속을 채워 넣은 뒤 잘 오므려 준다.

❻ 반죽 윗면에 올리브 오일을 바른다.

❼ 유산지를 깐 오븐 팬 위에 올리고 180℃에서 20분 구워낸다.

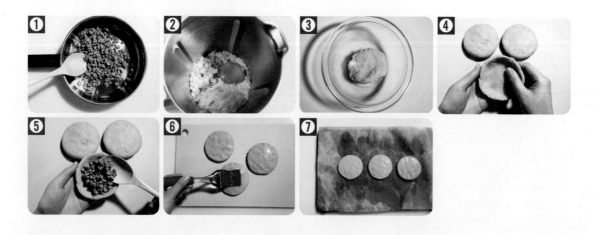

쿠킹 TIP

★ 호떡 반죽에는 멸치 파우더 대신 황태 파우더나 소간 파우더 등 다른 파우더 재료로 대체할 수 있고 빼도 무방해요.

★ 오븐이 없다면 후라이팬을 이용해서 익혀보세요.

영양정보

* 소고기는 필수아미노산을 충분히 함유하고 있는 단백질원입니다.
비타민과 철분이 많이 들어 있어 몸을 따뜻하게 하는 효과가 있으며
체력 회복에 도움을 줍니다.
그밖에도 피로 회복이나 피부 건강, 동맥경화 예방에 좋습니다.

* 고구마는 섬유질이 많아 콜레스테롤을 배출하고 비타민C가 풍부해 피부 미용에 좋습니다.

* 쌀가루는 칼로리가 낮으며 소화가 잘되는 곡물입니다.
쌀은 단백질이 글루텐을 형성하지 않기 때문에
밀 단백질 알레르기 강아지에게 사용할 수 있는 재료입니다.

양 토시살 연근 칩

비타민C와 철분이 많아 몸에 좋은 연근에 양고기와 달콤한 고구마를 채워넣고 바삭하게 건조했어요.
연근은 겨울철 몸을 따뜻하게 하는 영양이 풍부한 뿌리채소예요.
연근 속 구멍마다 기호성이 좋은 재료를 넣어 맛있게 먹을 수 있게 만들었어요.
먹는 재미가 있는 연근 칩이랍니다.

재료 준비

연근 120g / 양토시살 40g / 고구마 ½개 / 식초

만들기

❶ 고구마는 껍질을 벗기고 쪄서 으깬다.

❷ 양 토시살은 핏물을 제거하고 식촛물에 소독한다.

❸ 소독해 둔 양 토시살은 잘게 다진다.

❹ 연근은 껍질을 벗기고 두께 0.5mm로 자른다.

❺ 다진 양 토시살을 조금 떼어 내어 연근 구멍에 넣고 엄지 손가락으로 꾹 눌러준다.

❻ ❺와 같은 방법으로 으깬 고구마를 연근 구멍에 넣고 엄지 손가락으로 꾹 눌러준다.
   양 토시살과 고구마를 순서대로 채워 넣는다.

❼ 식품건조기 트레이 위에 연근을 뒤집어 놓고 70℃에서 5시간 건조한다.

쿠킹 TIP

★ 연근을 잘 먹지 않는다면 얇게 썰어서 만들어 보세요.

★ 양고기는 핏물을 빼지 않고 사용하면 연근에 물이 들어 보기에 좋지 않아요.

<h1>영양정보</h1>

*연근은 비타민C와 철분이 많아 빈혈 예방, 혈액 생성에 도움을 주며
지혈 효과가 있습니다.
식이섬유가 풍부하여 다이어트, 소화 불량에도 좋습니다.

*양고기는 철, 비타민, 필수아미노산이 포함된 단백질 함량이 많은 식품입니다.
회복견이나 임신, 수유중인 강아지의 원기 충전에 좋은 보양식 재료입니다.

나의 반려견에게 필요한
19 특별한 날의 간식

강아지를 키우다보면 강아지는 반려동물을 넘어 가족으로 여겨지고 함께 하는
일상은 행복감을 가져옵니다.
특별한 날에 사랑하는 반려견을 위해 만드는 스페셜한 간식 레시피를 준비했습니다.
나의 반려견과 함께 보내는 크리스마스, 생일, 각종 기념일에 특별한 간식을
준비해보세요.
싱싱하고 영양가 높은 재료로 나의 반려견을 생각하며 직접 만드는 간식만큼
좋은 선물이 없답니다.
정성가득 준비한 간식을 먹으면 강아지도 주인의 마음을 느낄 수 있을 거예요.
영양은 물론 모양도 좋아 파티음식으로도 손색없는 레시피랍니다.
특별한 날에 사랑하는 반려견과 즐거운 하루를 만들어 보세요.

❶ 닭 가슴살 머핀 / ❷ 두부크림 롤 케이크 / ❸ 연어 케이크 / ❹ 캐롭 빼빼로 / ❺ 코티지 치즈 마카롱

닭 가슴살 머핀

닭 가슴살 베이스 반죽에 다양한 재료로 토핑해서 만드는 머핀이랍니다. 나의 반려견 기호에 따라 재료를 선택해서 만들어 보세요.
머핀은 한번 먹을 수 있는 분량으로 크기가 작아서 케이크보다 실용적이랍니다.
모양도 좋아서 생일이나 특별한 날 만들어 주어도 좋아요.

● 재료 준비

닭 가슴살 **150g** / 쌀가루 **50g** / 달걀 **2개** / 올리브 오일 **1큰술** / 우유 **1큰술**
토핑1_ 단호박 파우더 약간 / 사과 약간
토핑2_ 멸치 파우더 약간 / 렌틸콩 약간
토핑3_ 소간 파우더 약간 / 병아리콩 약간 / 딸기 칩 2개
토핑4_ 블루베리 **3개** / 코코넛 파우더 약간
★ 완성 머핀 **4개** / 오븐 170℃ 20분 굽기

● 만들기

❶ 닭 가슴살은 다져서 준비한다.

❷ 다양한 토핑 재료를 준비한다.

❸ 볼에 달걀을 풀고 올리브 오일을 넣고 섞는다.

❹ 달걀 물에 다진 닭 가슴살을 넣고 고루 섞는다.

❺ 여기에 쌀가루를 체에 내려 더하고 날가루가 보이지 않도록 섞는다.

❻ 머핀 틀에 짤 주머니나 수저를 이용해 반죽을 80%정도 채워 담는다.

❼ 반죽 위에 준비한 토핑 재료를 원하는 모양으로 올린다. 170℃ 오븐에서 20분 구워낸다.

● 쿠킹 TIP

★ 다양한 토핑 재료를 사용해서 나만의 반려견을 위한 머핀을 만들어보세요.

★ 토핑으로 준비한 재료는 반죽 위에 올려 주어도 좋고 반죽에 섞어서 구워도 좋아요.

영양정보

＊닭 가슴살은 저지방 고단백 식품으로
담백하고 육질이 부드러워
다양한 조리법을 활용할 수 있어
강아지 간식에서 가장 많이 사용하는 식재료입니다.

두부 크림 롤 케이크

특별한 날 돌돌 말아 근사한 롤 케이크를 만들어 보세요. 밀가루를 사용한 케이크가 아닌 소량의 쌀가루만 넣고 케이크 시트는 닭 가슴살과 두부 크림으로 모양을 냈어요. 폭신폭신 부드러운 롤 케이크랍니다.

재료 준비

닭 가슴살 80g / 쌀가루 20g / 달걀 2개 / 우유 2큰술   ▶토핑_ 연어 파우더 20g / 파슬리 약간   ▶두부 크림_ 두부 175g / 한천 2g

★ 오븐 180℃ 15분 굽기.

두부크림 만들기

❶ 믹서에 염분을 제거한 두부를 넣고 곱게 간다. ❷ 냄비에 간 두부와 불린 한천을 넣고 찰기가 생길 때까지 저어주며 끓인다. ❸ 몽글몽글 생크림 같은 상태가 되면 불을 끄고 식힌 후 사용한다.

만들기

❶ 연어 파우더에 파슬리를 섞어 만들어 둔다.

❷ 볼에 달걀과 우유를 넣고 거품기로 충분히 풀어 저어준다.

❸ 달걀 물에 다진 닭 가슴살을 넣는다.

❹ ❸에 쌀가루를 체에 내리고 날가루가 보이지 않도록 잘 섞는다.

❺ 유산지를 깔아둔 틀에 반죽을 부어 내고 주걱으로 표면을 정리한다. 180℃오븐에서 15분 구워낸다.

❻ 김말이에 랩을 깔아 준비하고 위에 한 김 식힌 시트를 올린 후 두부 크림을 고르게 펴 바른다.

❼ 두부 크림 위에 ①을 고루 뿌리고 끝부분부터 김밥 말듯이 돌돌 만다.

❽ 완성된 롤 케이크는 빵 칼로 먹기 좋은 크기로 자른다.

쿠킹 TIP

★ 롤 케이크를 만들 때 시트는 너무 두껍지 않아야 모양이 부서지지 않게 말 수 있어요.

영양정보

* 두부는 단백질과 영양이 풍부한 식품입니다.
리놀산을 함유하고 있어 콜레스테롤을 낮추고 장을 활성화하여 소화 흡수를 돕습니다.

* 한천은 우뭇가사리를 주재료로 가공한 식품입니다.
칼로리가 낮고 수용성 식이섬유가 풍부하여 다이어트에 효과적인 식재료입니다.
그밖에도 당뇨병 예방, 노폐물 배출, 변비 예방에 좋습니다.
한천은 단백질이 풍부한 두부와 함께 조리하면 부족한 영양분을 채울 수 있습니다.

연어 케이크

특별한 날 케이크가 빠지면 섭섭하죠.
의미 있는 특별한 날을 더욱 빛내 줄 폭신폭신 부드러운 연어 케이크예요.
케이크 속에는 닭 가슴살과 연어가 가득하고 건강한 재료를 아낌없이 듬뿍 올려 구워냈어요.
맛있고 건강하게 즐길 수 있는 스페셜한 간식 시간이 될 거예요.

재료 준비

연어 **95g** / 닭 가슴살 **100g** / 단호박 **100g** / 사과 **100g** / 쌀가루 **50g** / 달걀 **2개** /
우유 **2큰술** / 올리브 오일 **1큰술** / 아마씨 파우더 **1큰술** / 코코넛 가루 약간(토핑)

★ 완성: 지름 15cm 케이크 **1개** / 오븐 180℃ 35분 굽기

만들기

❶ 연어는 껍질을 벗기고 단호박, 사과는 한입 크기로 자른다. 닭 가슴살은 다져 준비한다.

❷ 볼에 달걀을 풀고 올리브 오일과 우유를 넣고 젓는다.

❸ 달걀 물에 다진 닭 가슴살을 넣고 고루 섞는다.

❹ ③에 썰어둔 단호박, 연어, 사과를 넣는다.

❺ 쌀가루를 넣고 고루 섞어 반죽을 만든다.

❻ 케이크 틀에 올리브 오일을 바른다.

❼ 틀에 반죽을 90%까지 담고 아마씨 파우더를 위에 뿌리고 180℃ 오븐에서 35분 구워낸다.

구워낸 케이크 위에 코코넛 파우더로 토핑한다.

쿠킹 TIP

★ 연어 껍질을 사용하면 기름이 많이 생겨요. 케이크 위에 올릴 때는 껍질을 제거하세요.

★ 케이크 위에 올린 연어, 단호박, 사과는 다른 식재료로 대체할 수 있어요.

★ 케이크는 한 번에 먹을 수 있는 양이 아니므로 먹을 만큼 나눠서 냉장보관 하세요.

영양정보

* 연어는 단백질과 오메가 3, 비타민이 풍부한 생선입니다.
혈액 순환을 좋게 하며 강력한 항산화 작용과
콜레스테롤을 제거하는 작용이 있어 암 예방에도 도움이 됩니다.

* 사과는 비타민과 효소, 유기산, 미네랄이 균형 있게 함유되어 있습니다.
식물섬유인 펙틴이 들어있어 위장의 활동을 도우며 변비,
설사와 같은 증상에 효과가 있습니다.
또한 혈관에 쌓이는 유해 콜레스테롤을 몸 밖으로 배출하여
동맥경화를 예방해 줍니다.

캐롭 빼빼로

매년 돌아오는 빼빼로 데이에 사랑하는 나의 반려견에게 빼빼로를 선물해 보세요. 초콜릿이 아닌 초코 향이 가득한 천연 허브인 캐롭으로 만들었어요. 촉촉하고 쫄깃한 식감으로 고소함과 초코의 달콤함이 느껴지는 간식이랍니다. 반려견과 특별한 빼빼로 데이를 보내세요.

● 재료 준비

닭 가슴살 120g / 쌀가루 100g / 달걀 1개 / 황태 파우더 1큰술 / 올리브 오일 1작은술 / 캐롭 코팅 소스 / 캐롭 파우더 5g / 쌀가루 25g / 달걀 1개

★ 완성 252g, 빼빼로 14개 / 1차 오븐 180℃ 10분 굽기 / 2차 오븐 180℃ 5분 굽기

● 만들기

❶ 볼에 달걀을 풀고 올리브 오일을 넣고 젓는다.

❷ 달걀 물에 다진 닭 가슴살과 황태 파우더를 넣는다.

❸ ②에 쌀가루를 체에 내리고 주걱으로 섞어 반죽을 만든다.

❹ 반죽은 지퍼백 또는 비닐에 담고 밀대로 평평하도록 민 후 냉동고에 살짝 얼린다.

❺ 얼린 반죽은 칼로 길이 10cm, 폭 1cm정도로 길게 자른다.

❻ 유산지를 깐 오븐 팬에 자른 반죽을 나란히 올리고 180℃ 오븐에서 10분 굽는다.

❼ 막대 반죽을 굽는 동안 다른 볼에 달걀을 풀고 캐롭 파우더를 넣고 거품기로 저어준다.

❽ ⑦에 쌀가루를 체에 내리고 주걱으로 섞어 캐롭 초콜릿을 만든다.

❾ 완전히 식힌 빼빼로 스틱에 손잡이 부분만 남겨두고 ⑧을 바른다.

❿ 유산지를 깐 오븐 팬에 나란히 올리고 180℃에서 5분 구워낸다.

● 쿠킹 TIP

★ 얼린 반죽은 칼로 자르는 동안 녹게 되면 반죽이 질척거리게 돼서 자르기 힘들어요.
다시 냉동고에 얼려 굳힌 후 잘라주세요.

영양정보

＊ 캐롭 파우더는 콩과류에 속하는 열매를 구워 말린 가루입니다.
캐롭은 초콜릿과 비슷한 향과 맛을 가지고 있지만 카페인이 없어서
초콜릿을 대신하는 강아지 간식의 재료로 사용 할 수 있습니다.
초콜릿 향이 나며 칼슘이 풍부한 저지방 식품으로
세균 증식을 억제, 설사를 멈추게 하는 효과가 있습니다.
자연당분으로 달달한 맛이 나서 강아지들이 좋아합니다.

특별한 날의 간식

코티지 치즈 마카롱

마카롱은 프랑스 과자의 하나로 속은 매끄러우면서 부드럽고 겉은 바삭바삭한 것이 특징이예요.
코티지 치즈로 강아지도 먹을 수 있는 마카롱 모양의 간식을 만들었어요.
속은 두부 크림으로 부드럽고 겉은 코티지 치즈를 건조해서 씹을수록 고소해요. 쿠키 커터로 찍어 건조하여
만드는 방법으로 오븐 없이도 만들 수 있는 마카롱이랍니다. 선물용이나 특별한 날 파티용 간식으로도 좋아요.

재료 준비

우유 2,000ml / 단호박 파우더 120g / 자색 고구마 파우더 120g
두부 크림 : 두부 115g / 한천 2g / 소간 파우더 5g / 황태 파우더 5g
★ 완성: 지름 6cm 마카롱 8개 / 식품건조기 70℃ 4시간 건조

만들기

❶ 두 볼에 코티지 치즈를 각각 나누어 담는다. (코티지 치즈 만드는 방법은 252P를 참고하세요.)

❷ 코티지 치즈를 담은 한쪽 볼에는 자색 고구마 파우더를 넣고 치대어 반죽한다.

❸ 다른 한쪽 볼에는 단호박 파우더를 넣고 치대어 반죽한다.

❹ 반죽을 0.5cm 두께가 되도록 밀대로 밀고 원형 쿠키 커터로 찍어낸다.

❺ 식품건조기 트레이 위에 반죽을 올리고 70℃에서 4시간 건조한다.

❻ 믹서에 염분을 제거한 두부를 넣고 곱게 간다.

❼ 냄비에 간 두부와 불린 한천을 넣고 찰기가 생길 때까지 저어주며 끓인다.

❽ 완성된 두부 크림은 두 볼에 나누어 각각 황태 파우더와 소간 파우더를 넣고 섞는다.

❾ 건조된 코티지 치즈 한쪽 면에 숟가락으로 두부 크림을 샌딩하고 완성한다.

쿠킹 TIP

★ 우유를 소화하지 못하는 강아지에게는 강아지 전용 락토프리 우유 또는 산양유 등 유당 과민반응이 적은 우유를 사용하세요.

★ 레시피에 사용된 단호박, 자색 고구마 파우더 대신 당근, 브로콜리 등 색상을 낼 수 있는 채소를 믹서에 갈아 사용해도 좋아요.

영양정보

*치즈는 단백질과 칼슘이 풍부하게 들어 있으며
우유보다 소화 흡수가 좋은 식품입니다.
체내의 칼슘 흡수율이 높아 성장기, 노령견에게 좋습니다.

*두부는 콜레스테롤을 억제하고 골다공증을 예방하며
비타민E가 풍부하여 혈액 순환을 좋게 합니다.

나의 반려견에게 필요한

20 반려견과 함께 먹을 수 있는 간식

심심한 입맛을 달래주는 말랭이와 칩을 만들어 반려견과 함께 즐겨 보세요.
과일과 채소를 건조시켜 말리면 고유의 단맛이 배어 나와 강아지들도 좋아해요.

쫀득쫀득한 고구마 말랭이, 씹을수록 달콤한 단호박 말랭이,
달콤 바삭한 바나나 칩, 말랑말랑 사과 칩을 만들었어요.

첨가물 없이 자연 그대로의 영양을 담은 말랭이&칩 간식은
사랑하는 반려견과 함께 나눠 먹을 수 있답니다.

❶ 고구마 말랭이

❷ 단호박 말랭이

❸ 바나나 칩

❹ 사과 칩

고구마 말랭이

재료 준비

고구마 **2개** (110g)

만들기

❶ 고구마는 깨끗이 씻어 껍질을 벗겨 내고 찐다.

❷ 찐 고구마는 식힌 후 폭 1cm의 스틱 모양으로 자른다.

❸ 식품건조기 트레이 위에 나란히 올리고 70℃에서 9시간 건조한다.

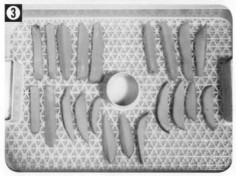

쿠킹 TIP

★ 저온으로 건조하면 영양소 손실을 줄일 수 있어요.

★ 건조 시간을 조절해서 원하는 식감으로 만들어 보세요.

영양정보

* 고구마는 탄수화물, 칼륨, 미네랄, 칼슘, 비타민이 함유되어
피로 회복, 피부 미용, 눈 건강, 노화 방지에 효과가 있으며
식이섬유가 풍부하여 변비 해소에 좋습니다.

단호박 말랭이

재료 준비

단호박 ¼개 (61g)

만들기

❶ 단호박은 껍질째 깨끗이 씻어 씨와 속을 파내고 찐다.

❷ 찐 단호박은 식힌 후 두께 1cm로 길게 자른다.

❸ 식품건조기 트레이 위에 나란히 올리고 70℃에서 7시간 건조한다.

쿠킹 TIP

★ 저온으로 건조하면 영양소 손실을 줄일 수 있어요.

★ 건조 시간을 조절해서 원하는 식감으로 만들어 보세요.

영양정보

*단호박은 좋은 비타민과 미네랄, 섬유질이 함유되어 있으며
위장을 튼튼하게 하고 소화 촉진, 장 기능을 원활하게 도와줍니다.
특히 베타카로틴이 풍부하게 들어있어 피부 미용, 눈 건강, 노화 예방,
감기 예방, 감염증의 예방과 개선에 효과가 있습니다.

바나나 칩

● ● **재료 준비**

바나나 **2개** (42g)

● ● **만들기**

❶ 껍질을 벗긴 바나나를 0.5cm 두께의 링 모양으로 썰고 식품건조기 트레이 위에
나란히 올려 70℃에서 9시간 건조한다.

● ● **쿠킹 TIP**

★ 저온으로 건조하면 영양소 손실을 줄일 수 있어요.

★ 건조 시간을 조절해서 원하는 식감으로 만들어 보세요.

영양정보

* 바나나는 저지방 저칼로리 식품으로 다이어트에 좋으며
섬유소가 많아 변비에 좋습니다.
단맛이 강해 강아지들이 좋아하는 과일입니다.

반려견과 함께 먹을 수 있는 간식

사과 칩

● ● **재료 준비**

사과 **1개** (48g)

● ● **만들기**

❶ 사과는 깨끗이 씻고 껍질 채 0.3cm두께로 슬라이스 한 후 식품건조기 트레이 위에
  나란히 올려 70℃에서 7시간 건조한다.

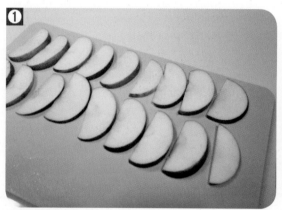
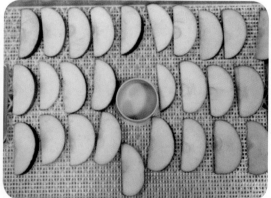

● ● **쿠킹 TIP**

★ 저온으로 건조하면 영양소 손실을 줄일 수 있어요.
★ 건조 시간을 조절해서 원하는 식감으로 만들어 보세요.

*사과는 식물섬유인 펙틴이 위장의 활동을 원활하게 하고
유해 물질을 제거, 혈중 콜레스테롤 수치를 낮추는 작용을 합니다.
항산화작용을 하여 신장병, 동맥경화에 좋습니다.

만남 그리고 변화

출근길에 매일 보던 강아지가 있었어요. 옷가게 앞에 묶어둔 황금색 털의 차우차우 였는데
귀여운 외모에 반해서 앞을 지나다닐 때마다 한번이라도 만져보고 싶은 강아지였어요.

그 가게가 장사가 잘 되는 편이 아니어서 매일 강아지를 구경하는 것도 눈치가 보이더라고요.
그때 저는 이미 차우차우의 매력에 푹 빠져 있었어요. 그러던 어느 날 강아지를 좋아하는 저에게 남편이
강아지를 키우자고 제안을 한 거예요.
저는 앞뒤 생각 없이 무조건 "차우차우!"라고 말하고 곧바로 수소문해서 강아지를 분양받게 되었어요.
그렇게 무식하다면 무식하고 용감하다면 용감하게 차돌이를 키우게 되었답니다.

강아지를 한 번도 키워본 적 없는 우리 부부가 대형견을 키우게 되었으니 애로사항이 좀 많은 게 아니었어요.
집에 오자마자 홍역에 걸린 강아지라니! 우리 부부는 엄청난 고생과 노력을 했답니다.
그날 이후부터 남편과 둘이 강아지에 대해 공부하기 시작했어요. 여기저기 유명한 병원을 찾아다니고 인터넷을
서치하고 서점에 나온 대부분의 강아지 관련 서적은 다 읽어 봤을 정도니깐요.

대형견을 키운다는 건 생각보다 더 어렵고 힘든 일이더라고요.
적어도 애견문화 인식이 그리 좋지 않은 우리나라에서 그것도 아파트에선 더욱 어렵지요.
오랜 병원 생활과 병치레를 이겨낸 차돌이는 처음부터 집에서 배변도 잘 가리고 짖음이 없었어요.

차돌이가 순해서 아파트 생활은 문제가 되지 않을 거라고 생각했는데 결국엔 층간 소음 문제가 생겼고
아파트 단지 내에서 대형견을 산책시킨다는 것 또한 여간 눈치 보이는 일이 아니었어요.
아무리 배변 봉지를 보란 듯이 목에 걸고 다녀도 곱지 않은 시선 때문에 소심한 저는 상처를 많이 받곤 했답니다.

결국은 차돌이와 함께 더 좋은 환경으로 이사를 준비하게 되었어요. 차돌이를 위해 마당 있는 집을 구하고 싶었지만
서울에서 마당 딸린 주택을 구입한다는 건 경제적으로 여의치 않았지요.
그래서 다시 아파트로 들어갈 수밖에 없게 되었고 대신 무조건 "1층으로 가자!"했어요.
그리고 차돌이랑 눈치 보지 않고 매일 산책을 나갈 수 있는 근처의 산책할 만한 곳이 있는지가 가장 중요했답니다.
매일 인터넷을 뒤지며 부동산을 알아보고 지금의 집에 이사를 오게 되었어요.

다행히 1층이라서 층간소음 문제도 없고 원래 짖음이 없는 아이라 주민들과도 문제없이 잘 지내고 있답니다.
무엇보다 산책할 수 있는 공원이 집 근처 가까이에 있고 주변에 강아지를 키우시는 분들이 많아
눈치 보는 일이 훨씬 적어 졌어요.

차돌이가 생기고 생활의 많은 부분이 변했어요.
차돌이를 챙기면서 하루 일과를 시작하고 집안의 인테리어는 더 이상 소용이 없어졌지요.
그리고 저의 관심 분야는 오로지 차돌이였어요.
강아지 관련 용품을 쇼핑하고 잡지 대신 강아지 관련 서적을 읽었고 강아지를 데리고 갈 수 있는 카페를 찾아
다녔지요. 그리고 간식을 직접 만들어주기 위해 공부를 하고 요리와 베이킹 수업을 들으러 다니기도 했답니다.

나의 시간 대부분을 차돌이를 위해 소비했어요.
차돌이와 저를 위한 공간으로 블로그를 만들어 차돌이와의 일상을 기록하다가 제가 만든 수제 간식 레시피도
올리게 되었답니다.

블로그를 통해 알게 된 분들은 강아지를 키우고 동물을 사랑하시는 분들이라서 누구보다 저의 마음을
가장 잘 알아주세요. 그래서 차돌이를 키우면서 힘든 부분을 털어놓기도 하고 위로받기도 했답니다.
온라인에서나 일상 생활에서나 차돌이를 통해 만난 소중한 인연들이 많이 생겨났어요.

어느덧 차돌이는 나의 생활에 중심이 되어 있더라고요. 저만큼이나 차돌이도 표정에 많은 변화가 생겼어요.
지금은 스마일 견이지만 예전에는 예민하고 늘 인상 쓰는 강아지였거든요.

함께 생활한지 6개월이 다되어 가도록 거의 웃어 주는 일이 없었고 시크해도 너무 시크한 성격이었어요.
늘 병원에만 데리고 다니고 쓴 약을 먹이고 하는 제가 싫었을지도 모르겠어요.
그때는 인상을 써서 그런지 얼굴에 주름이 많았는데 이제는 눈만 마주쳐도 웃어 대니 얼굴에 주름 없는
차우차우가 되었지 뭐예요. 괜히 나만 그렇게 느끼는 것일 수도 있지만요.
혼자 있는 걸 좋아하던 차돌이는 이제 우리 곁에 엉덩이를 들이밀고 기대 앉아있는 걸 좋아한답니다.

처음 만났을 때 차돌이 몸에 붙어 있던 11.01 이라는 숫자를 생일로 챙겨주고 있답니다.

어릴 때 죽을 고비를 넘기고 나서 처음 맞은 치돌이 생일은 저희 부부에겐 남다른 의미가 있는 날이였어요.
차돌이를 위한 축하의 의미도 있지만 홍역, 장염, 피부병으로 수 개월간 병간호를 해낸 우리 부부에게 주는
포상의 의미도 있었답니다.

차돌이 생일에 맞춰 애견 펜션을 예약하고 일주일 전부터 생일 파티 음식을 준비했어요.
일 주일 동안 생일상 차릴 간식을 준비하는데 한 번은 남편이 무슨 동네잔치 여냐고 묻더라고요.
그리고 보니 정말 어마어마한 양의 간식을 준비했지 뭐예요.
차돌이가 좋아하는 간식으로 준비하다 보니 욕심이 과했나 봐요.

그날 펜션에서는 제가 생각한 것 이상의 성대한 파티가 열렸어요. 초대하지 않은 펜션 주변을 기웃거리던
강아지들이 어찌 알았는지 차돌이를 축하해 주려고? 몰려들더라고요.
다른 강아지들이 차돌이 생일상을 덮치는 바람에 정신없이 생일 초를 꺼야했답니다. 어떻게 지나갔는지도
모르게 끝나버린 생일파티였어요. 그리고 이날은 몰랐던 차돌이의 식탐을 처음 발견한 날이기도 해요.

차돌이는 자기 분량을 다 먹고도 다른 강아지들이 가져간 간식을 다시 뺏어 먹느라고 난리가 난 거예요.
평소와 다른 차돌이 모습에 이런 면이 있었는지 정말 놀라웠어요.
그날 저녁에 차돌이는 처음으로 구토를 했답니다. 과식이 불러온 결과였어요.
정신 없는 사이에 저는 차돌이가 얼마나 먹었는지 알 수가 없었고 토산물 안에는 차마 씹지도 않고
삼켜서 나온 간식들의 형체가 그대로 있었답니다.

화려한 상차림을 선물해 주고 싶었던 건데 제 욕심이 컸지 뭐예요.
그날 이후로 저는 특별한 날 간식을 만들어도 그때처럼 무식하게 많이 만들지는 않는답니다.

차돌이 수석 쉐프

차돌이는 신기하게도 자기 간식을 만드는 건 귀신같이 알아채요.

심지어 저희가 먹을 고기를 구울 때 차돌이는 반응을 전혀 하지 않는데 차돌이 간식으로 만들 고기를 구울 때는
기웃기웃 흥분을 하곤 해요.

정말 텔레비전에 제보를 해볼까 하는 생각이 들 만큼 차돌이는 신기한 능력을 가졌답니다.
차돌이를 주려고 처음에는 만들기 쉬운 닭 가슴살 육포나 황태에 닭 가슴살을 말아 건조해 주었어요.

인터넷에 올라와 있는 레시피를 보고 따라하면서 닭 가슴살 하나를 자르면서도 '이정도 두께면 되려나?'
'이정도 크기면 크지 않나?'고민하고 또 고민해 가면서 만들어요. 건조하고 나니 그럴듯한 육포 간식이 나왔지만
차돌이가 먹기에는 크기가 작았던 거예요. 육포를 질겅질겅 씹어야 하는데 그냥 한입에 꿀꺽 해버렸지 뭐예요.
그 모습에 또 목에 육포가 걸리는 건 아닌가 하고 어찌나 놀래서 난리를 쳤는지 몰라요.

뼈를 건조해 간식을 처음 만들었을 때도 뼈에 붙은 살만 먹는 건지 뼈까지 다 먹는 건지 궁금한 것 투성이였어요.
혹시라도 목에 걸릴까 먹는 내내 옆에서 자리를 뜨지 못하고 지켜 보고 있었답니다.

남편이 저를 "차돌이 수석 쉐프"라고 지칭해 줄 정도로 저는 차돌이 식성을 파악해서 간식하나는 척척!
만들어 낸답니다.
제가 만든 간식을 정신없이 먹는 모습에 희열을 느끼며 " 아 역시 맛있구나!" 하는 자부심까지 생겼어요.
강아지 간식 만드는데 자신감이 생겨 차돌이를 위해 만든 간식을 블로그 이웃님의 강아지에게 선물로
보내기도 했어요.

차돌이처럼 당연히 잘 먹겠지! 하고 기대를 했는데 소형견을 키우시던 이웃님 강아지에게는 간식이 너무 딱딱하고
컸던 모양이예요.

선물을 보내고도 어찌나 민망했는지 몰라요.
그 순간 '아, 나는 차돌이를 위한 대형견용 간식을 만들고 있구나'하고 깨달았어요.

차돌이랑 산책을 하면 종종 다른 견주님들이 차돌이에게 맛있다는 간식을 꺼내 주시곤 해요.
하지만 자돌이는 냄새만 맡고는 먹지 않아요. 그럼 다들 "어, 이상하다! 이거 엄청 좋아하는 건데..." 하면서
먹질 않는 차돌이를 보고 의아해 하시더라고요.

차돌이는 언제부턴가 제가 만든 간식이 아니면 잘 먹질 않더라고요. 그럴 때면 역시, 내가 만든 간식이
훨씬 맛있나 보구나 하면서 왠지 모르게 혼자서 어깨가 으쓱해진답니다.

아기가 태어났어요

우리 부부에게 아기 천사가 찾아왔어요.

기쁨과 설렘, 아기를 기다리는 그 행복한 시간에 차돌이도 저희와 함께 있었답니다.

출산 후 몸조리를 하는 동안 차돌이와 잠시 떨어져 있다가 차돌이가 집으로 오던 날에는 정말 어찌나 반가웠는지 몰라요

'차돌아, 엄마가 아기를 낳았어!' '우리 집에 지금 아기가 있어!' 차돌이에게 아기를 보여주고 자랑하고 싶었는데 차돌이는 처음에 쉽게 받아들이지 않았어요.

내가 아기를 사랑하는 것처럼 차돌이도 아기를 사랑해 주었으면 좋겠는데 시큰둥한 차돌이의 반응을 보니 차돌이도 우리 집에 생긴 변화에 적응할 시간을 주어야겠단 생각이 들었어요.

아기가 겨울에 태어나 집안 온도를 따뜻하게 하다 보니 차돌이는 더위에 힘들어했고 결국 베란다에서 생활을 하게 되었어요. 마치 차돌이를 내쫓는 것만 같은 기분이 들어 마음이 편치 않았어요.

우는 아기를 안고 달래 주다가도 문득 차돌이가 신경 쓰여 차돌이 눈치를 보게 되더라고요.

아직은 아기가 어려서 차돌이가 많이 양보해야 하고 참아내야 하는 부분들이 많이 있어요.

마치 첫째 아이에게 동생이 생겼을 때 느끼는 감정과 다르지 않다고 생각해요.

그래서 동생이 생긴 첫째 아이에게 하는 육아 교육법을 보고 차돌이에게 해 보기로 했어요.

아기에게 무엇인가 해주기 전에 먼저 차돌이에게 부탁을 하는 것이예요. "차돌아 아기 목욕시키고 올게",

"차돌아 이제 아기 우유 먹일 거야" 관심도 없는 차돌이에게 계속 부탁을 했으니 아마도 남들이 봤으면 그런 제 모습을 비웃었을지도 모르겠어요.

아기가 우는데 차돌이가 놀아달라고 할 때면 "차돌아 아기가 우니깐 지금은 안 돼, 차돌이는 아기가 아니니깐 차돌이가 봐줘" 이런 식으로 계속 혼자 부탁을 했답니다.

근데 정말로 효과가 놀라웠어요. 제가 부탁을 하고 나면 공을 물고 왔다가도 마치 이해하는 듯이 공을 내려놓았어요. 제가 차돌이한테 부탁을 할 때마다 그 모습이 우습다던 남편이 어느 날 술을 마시고 들어와 차돌이를 딱 잡더니 "차돌아 우리에게 아기가 생겼어, 조금만 차돌이가 봐줘"라고 부탁을 하더라고요.

평소 같았음 놀아주는 건 줄 알고 난리를 쳤을 차돌이인데 알겠다는 듯 정말 눈빛으로 대답을 하더라고요. 거짓말 같지만 차돌이는 항상 우리 마음을 알아주더리고요. 차돌이가 외롭고 상처받진 않을까 싶어 남편과 저는 차돌이랑 노는 시간을 정하고 산책 시간을 늘리는 방법으로 최대한 차돌이를 챙겨주려고 노력했어요. 그리고 많이 못 놀아줘서 미안한 차돌이에게 맛난 간식을 더 많이 챙겨주었지요.

처음에 집에 와서 조금은 의기소침해 보였지만 이제는 의젓하게 아기를 바라봐 주고 있어요. 아기가 깨어있을 땐 아무래도 저를 아기에게 양보하고 있지요. 대신 아기가 자는 시간이나 여유가 되는 시간에는 차돌이를 더 많이 사랑해주고 있어요. 오로지 둘만 보내는 산책 시간이 되면 집에서의 모습과는 다르게 차돌이도 다시 아기가 돼요. 그리고 다시 집에 들어오면 의젓한 오빠가 된답니다.

아기가 조금만 더 크면 차돌이와 좋은 친구가 되어 있겠지요.
그때는 저보다 우리 딸아이가 차돌이를 더 사랑하지 않을까 싶어요.

산책, 함께 걷는 길

간식을 매일 먹어도 표준 체중을 유지하는 차돌이의 몸매 비결은 아마도 산책이 아닐까 싶어요.
차돌이는 대형견이라서 활동을 많이 시켜줘야 해요.

아침이면 눈을 뜨자마자 차돌이 산책을 시키는 일로 우리 집 하루 일과가 시작이 된답니다.
눈뜨기 싫어서 조금 더 자고 싶은 날도, 날씨가 추워서 나가고 싶지 않은 날도 예외는 없습니다.
차돌이가 대변을 밖에서 보기 때문에 데리고 나가지 않으면 안되거든요.

어느 날은 유난히도 지 안에서 뒹굴면서 나가기 귀찮은 날이였어요.
남편이랑 서로 "한번만, 한번만" 하면서 차돌이 산책을 서로에게 미루고 있는데 갑자기 차돌이 행동이
부산스러워지는 거예요. 변이 마려웠던 모양이예요!
안되겠다 싶어 바로 챙겨서 데리고 나오니 얼마나 급했는지 현관문 앞에서 변을 싸버렸지 뭐예요.
밖에서도 아스팔트 바닥에는 대변을 보지 않는 차돌이인데 얼마나 급했을까 싶어 정말 미안해지더라고요.

차돌이가 말을 할 줄 알았다면 아마도 '정말 너무하네! 나는 급하다고!' 라고 하지는 않았을까, 서로에게 산책을 미루던
모습을 보면서 우리 부부에게 실망하진 않았을까 싶은데도 차돌이는 늘 그렇듯 웃어주며 신이 났어요.

매일 나오는 산책 코스의 같은 길을 지나가는 것만으로도 신이 난 차돌이를 보면서 게으름을 피운 나를 자책하고
'산책시켜 주는 게 돈 드는 일도 아닌데. 이렇게 좋아하는데. 귀찮아 하지 말자!' 다짐을 하고 또 다짐을 했어요.
하루에 두 번씩 산책을 시킨다는 것은 생각보다 힘든 일이기는 해요.
그래도 차돌이 덕에 매일 밖에 나와 콧바람을 쐬며 걷다보면 계절이 변하는 걸 제일 먼저 느낄 수 있답니다.

한번은 밖에만 나오면 무조건 좋아하는 차돌이에게 목줄을 풀고 실컷 뛰어놀게 해주고 싶어 애견 놀이터로 놀러 갔어요.
넓은 잔디밭에 목줄도 풀었겠다! 신나서 뛰어놀 줄 알았는데 자꾸 제 곁만 맴돌더라고요. 나중에 제가 같이
잔디밭에 나가주니 그제야 고삐 풀린 망아지처럼 신이 났지 뭐예요. 차돌이는 단지 밖에 나오는 산책이 좋은 게 아니라
저와 함께 하는 그 시간이 좋은 건가 봐요.

어쩌면 내가 생각하는 것보다 훨씬 더 차돌이가 저를 사랑하고 있는지도 모르겠어요.
차돌이가 나에게 주는 사랑에 비해 저는 늘 부족한 사랑을 주고 있는 것만 같아 '나는 강아지를 키울 자격이 되는가?'
스스로에게 종종 묻곤 합니다.

요즘은 아기 때문에 산책은 완전히 남편의 몫이 되었어요.

그나마 가끔 차돌이 산책에 함께 동행할 수 있는 날이 저에게 유일한 외출이랍니다.

집안에서 육아만 하던 저는 봄이 찾아온지도 뒤늦게 알았지 뭐예요.

매일 함께 걷던 산책길이였는데 새삼 차돌이와 함께 걷는 이 시간에 행복감을 느낍니다.

매일 매일이 소중해 감사한 일상

차돌이를 키우면서 생활의 많은 부분이 바뀌었어요.

차돌이 밥을 챙기고 간식을 만들고 청소, 산책하고 강아지를 키우다 보니 해야 할 일들이 정말 많더라고요.

차돌이를 보살피느라 저는 부지런해질 수밖에 없었답니다.

강아지를 키우면서 책임감은 자연스럽게 생기게 되는 것 같아요.

제가 도와주지 않으면 차돌이는 아무 것도 할 수 없으니깐요.

차돌이를 키우면서 생긴 습관들은 아기가 생기고 나서도 크게 달라질 건 없었어요.

"엄마"라는 단어도 늘 차돌이 엄마로 지내서 그런지 낯선 단어가 아니었고, 아기 변을 치우는 일도

차돌이 변을 매일 치우다보니 별일 아닌 것처럼 여겨지더라고요.

차돌이 간식을 만들면서 공부하던 식품영양 지식은 아기 이유식 만드는데도 도움이 되었고

털 때문에 하루에도 두세 번씩 집을 치우다 보니 아기가 생겨도 청소하고 위생 관리 하는 일은 익숙하답니다.

저는 차돌이를 키우면서 아마도 엄마가 될 예행 연습을 하고 있던 것 같아요.

한 번은 같은 재료를 사용해서 하나는 차돌이 간식을 만들고 하나는 아기의 이유식을 만들고 있는데 "딩동"하고

택배가 온 거예요. 마침 차돌이 패드랑 아기의 기저귀가 같이 배달된 모습을 보고 있으니 친정 엄마께서

" 자식을 둘 키우네!" 하시더라고요.

"그럼, 자식이 둘이지!"

차돌이와 아기는 닮은 구석도 많아요.

내가 가는 길마다 따라다니는 차돌이와 딸아이, 내가 떨어뜨린 물건은 서로 냅다 집어가고 삑삑 소리 나는

장난감을 좋아하는 것, 바스락 바스락 봉지만 보면 집착하는 면, 끈만 보면 입으로 가져가는 행동, 테이블 밑이

뭐가 그리 좋다고 명당 자리마냥 기어 들어가는 둘의 모습이 어찌나 닮았는지 차돌이와 딸아이가 하는 행동에

피식 웃음이 나곤 합니다.

아기 같기만 하던 차돌이는 어느덧 성견이 되어 늠름하고 듬직한 우리 집 장남 같은 존재가 되었답니다.
아기를 재우고 밀린 집안 일을 하고 나면 늦은 시간인데도 꼭 제 옆에서 안자고 기다려 줄 때면
'정말 너밖에 없다!' 라는 말이 절로 나와요.

차돌이가 없었으면 어땠을지 상상이 안될 정도로 차돌이는 저에게 큰 존재랍니다.
육아에 지칠 때면 차돌이에게 위안을 받고 있어요.

지금 저희 가족은 아기가 생겨 많은 변화를 겪으며 성장해 가고 있어요.
부부에서 부모로, 아내에서 엄마로, 남편에서 아빠로, 차돌이도 혼자가 아닌 아기와 둘이 되었고요.
차돌이도 변화에 적응하며 함께 노력해주고 있답니다.

앞으로 아기가 크면서 더 많은 변화가 우리 집에 찾아오게 되겠지요.
늘 똑같이 반복되는 생활이지만 아기와 차돌이가 주는 일상의 즐거움으로 매일 감사하며 행복하게 지내고 있습니다.

1천만 반려인 시대

우리나라의 반려동물 인구가 1천만 명을 넘어선 지 이미 오래다. 시장 규모 역시 급성장하여 2020년에는 연간 6조 원대에 이를 것으로 정부는 내다보고 있다.

반려동물 산업은 의료업뿐 아니라 사료, 간식, 음료 등의 먹거리에서부터 미용용품, 의류, 액세서리, 놀이용품, 침구, 카페와 놀이 · 숙박 시설, 장례 사업에 이르기까지 하루가 다르게 확대, 발전하고 있다.

그러나 반려동물 인구와 시장이 확대될수록 유기되는 동물이 늘어나고 불법적인 동물학대 행위는 끊이지 않아 사회적 문제가 되기도 한다. 이에 정부도 반려동물과 관련한 행정명령 등 규제를 강화하고 있고, 국회에서도 관련 법령을 정비하려는 움직임을 보이고 있다. 하루빨리 선진국처럼 동물복지법을 제정하고, 동물의료보험을 도입하며, 유기동물보호시설을 확대하는 등 관련 대책을 마련해야 할 것이다.

반려동물은 말 그대로 우리와 함께 살아가는, 공존하는 생명체이다. '한 나라의 위대성과 도덕성은 동물을 다루는 태도로 판단할 수 있다'고 역설한 마하트마 간디의 말이 아니더라도 동물복지 확대는 대한민국이 복지국가로 나아가는 초석이 될 것이다. 반려동물 인구가 늘어나고 관련 산업이 발전함에 따라 반려동물의 먹거리도 풍부해졌다. 주식인 사료뿐 아니라 간식과 음료, 다이어트식과 영양식, 특별식 등을 손쉽게 구입할 수 있다. 하지만 그와 함께 내 반려동물만을 위한, 내 반려동물의 체질과 특성에 맞는 먹거리를 찾는 경향도 나타나고 있다. 이를테면 수제 간식이 여기에 포함된다.

반려동물의 먹거리를 직접 만드는 데는 정성뿐 아니라 식재료의 성분과 영양에 관한 전문지식, 반려동물의 체질과 습성 등에 관한 파악이 필요하다. 그런데 전문가가 아닌 평범한 주부가 관련 서적을 들추고 연구해가며 이토록 전문적인 정보와 레시피를 완성했다는 것은 놀라운 일이다. 저자의 반려동물에 대한 애정을 가늠해볼 수 있는 대목이다.

저자가 책머리에서 밝혔듯이 나의 반려견, 내 강아지를 위해 음식을 만들어주는 일은 반려동물에 대한 애정에서 비롯되지만, 그러면서 내 반려견, 내 강아지의 체질이나 습관을 좀 더 자세히 알게 되고, 급여 식품과 제한 식재료를 구분하여 알레르기나 거부반응을 일으키는 먹거리를 알아둠으로써 반려동물의 건강과 삶의 질을 높일 수 있다. 만들어서 주는 과정에서 생기는 반려견과 반려인의 상호 교감은 일반 사료를 급여할 때와는 또 다른 각별한 친밀감을 느끼게 해준다.

만들 때는 수고롭지만 내가 만든 음식을 잘 먹어주는 반려견을 보면서 그것이 완전 해소되고, 더욱 믿고 따르는 반려견을 보면서 친밀감과 보람을 느끼게 되는 것, 그것이 수제 간식을 계속 만들게 되는 이유가 아닐까?

책의 앞부분에 실린 다양한 식재료와 주의사항, 구입처 등의 정보도 유용해 보인다. 온갖 정보가 넘쳐나는 요즘, 반려견을 위한 음식과 레시피도 인터넷을 뒤지면 쉽게 얻을 수 있다. 하지만 이런 류의 세심한 정보는 이 책 외에 어디서도 찾아보기 힘들다. 반려인이라면 한 권쯤 옆에 두고 활용하면 좋을 것 같다.

2017년 3월
코루누보 브리더 **이훈이**

부 록

(절취선을 따라 잘라서 냉장고 등에 붙여놓고 간식을 만들어 보세요)

변비 탈출 간식

고구마 바나나 스크럼블

영국 디저트중 하나인 스크럼블은 달콤한 과일에 소보로 반죽을 얹어 파이 대신 간단히 먹는 디저트에요.
식이섬유가 풍부한 오트밀과 바나나로 속을 채우고 변비에 좋은 고구마를 소보로 모양으로
보슬보슬하게 얹어 강아지용 디저트로 만들었어요.
부드럽고 달콤한 스크럼블로 맛도 있고 변비 걱정 없는 간식을 만들어 주세요.

재료 준비

바나나 ½개 / 우유 100ml / 오트밀 20g / 고구마 110g

만들기

❶ 바나나 ½개를 볼에 넣고 으깨어 준비한다.

❷ 냄비에 오트밀과 우유를 넣어 센 불에서 끓이다가 끓어 오르면 약한 불로 줄여 끓인다.

❸ 눌러 붙지 않도록 저어가면서 오트밀이 수분이 다 머금도록 졸인다.

❹ 으깬 바나나에 ③을 넣고 섞어준다.

❺ 용기에 반죽을 3/4 채워 담아낸다.

❻ 껍질을 벗기고 쪄서 으깬 고구마를 보슬보슬 뭉쳐서 소보로 상태가 되도록 만든다.

❼ 소보로 상태가 된 고구마를 ⑤위로 수북이 담아 채운다.

쿠킹 TIP

★ 잘 익은 바나나는 섬유소가 풍부하며 단맛도 더 강해요.

★ 우유 안에 들어있는 유당을 소화하기 어려운 강아지가 많아요. 강아지 전용 락토프리 우유나 소화가 잘되는
   산양유를 사용하는 것이 좋아요.

영양정보

*오트밀은 다른 곡류에 비해 단백질, 비타민B이 많고
식이섬유가 풍부하여 소화, 변비, 다이어트에 좋습니다.

*바나나는 저지방 저칼로리 식품으로 다이어트에 좋으며
섬유소가 많아 변비에 좋습니다.
단맛이 강해 강아지들이 좋아하는 과일입니다.
*고구마는 수분과 식이섬유가 풍부하여 변비와 다이어트,
비만예방에 효과적인 식품입니다.

점선을 따라 자르세요

양배추 단호박 수프

탈수증상이 오면 기력이 약해지기 마련이죠. 수분섭취와 영양보충을 한 번에 할 수 있도록
따뜻하게 먹는 수프를 만들었어요.
단호박의 달작지근함 속에 돼지고기를 듬뿍 넣어 강아지가 좋아해요.
수프의 농도를 잡기위해 밀가루 대신 쌀가루를 사용하고 양배추를 갈아 넣어 소화가 잘되도록 했답니다.

재료 준비

단호박 **90g** / 양배추 **60g** / 돼지고기 분쇄 **60g** / 물 **250ml**

만들기

❶ 양배추, 단호박, 돼지고기 분쇄를 준비한다.

❷ 찜기에 깨끗이 씻은 양배추와 껍질을 벗긴 단호박을 올리고 찐다.

❸ 믹서에 쪄낸 단호박과 양배추에 물을 붓고 곱게 간다.

❹ 냄비에 ③을 붓고 쌀가루, 간 돼지고기를 넣고 끓인다.

❺ 센 불에서 끓이다가 끓기 시작하면 약한 불에서 10분간 저어주며 끓여낸다.

쿠킹 TIP

★ 돼지고기는 단백질 함량은 높고 지방이 적은 안심이나 등심 부위를 사용하세요.

★ 수프의 걸쭉한 농도는 쌀가루 양으로 조절하세요.

영양정보

* 양배추는 비타민, 미네랄, 식이섬유가 풍부한 야채입니다.
특히 비타민C가 많아 피부에 좋으며 혈관을 튼튼하게 하며 비타민U는 위장,
간 기능 강화에 도움을 줍니다. 그밖에도 기관지염, 암 예방,
변비 해소의 효과가 있습니다.

* 단호박은 각종 비타민과 미네랄, 섬유질이 함유되어 있으며
특히 식이섬유가 풍부하여 소화를 촉진, 장 기능을 원활하게 도와줍니다.

소화불량, 위장을 돕는 간식

딸기 · 사과 두유 푸딩

우유를 소화시키지 못하는 강아지도 먹을 수 있는 무가당 두유로 만든 푸딩 이예요.
탱글탱글한 두유 속에 아삭한 사과의 식감이 느껴진답니다.
소화흡수에 도움이 되는 한천으로 부드럽게 만든 푸딩은 먹기에 좋아요.
평소 유당불내증으로 우유를 소화시키지 못했다면 무가당두유로 푸딩을 만들어 주세요

재료 준비

사과 **10g** / 딸기 **3개** / 무가당 두유 **200ml** / 한천 **2g**

만들기

❶ 사과는 깨끗이 씻고 잘게 썰어 준비한다.

❷ 믹서에 무가당 두유와 깨끗이 씻은 딸기를 넣고 곱게 간다.

❸ 냄비에 ②를 붓고 꿀과 불린 한천을 넣고 고루 섞는다.

❹ 약한 불에 천천히 저어가며 10분정도 끓인다.

❺ 끓인 두유를 용기에 담고 썰어 둔 사과를 넣는다. 한 김 식힌 뒤 냉장고에 넣어 굳힌다.

쿠킹 TIP

★ 무가당 두유 대신 불린 콩을 갈아 콩물을 사용해도 좋아요.

영양정보

*무가당 두유는 당을 넣지 않은 두유를 말합니다.
두유는 콩을 갈아 만든 식품으로 단백질뿐만 아니라
성장에 도움을 주는 리신, 트립토판과 불포화지방산을 함유하고 있어
동맥경화증에 좋으며 그밖에 성장발육, 피부건강, 노화예방에도
효과를 볼 수 있습니다.
우유를 소화시키지 못하는 유당불내증이 있는 강아지에게
우유대신 사용할 수 있습니다.

단호박 닭 가슴살 오븐구이

각종 비타민과 식이섬유, 무기질이 풍부하며 칼로리가 낮아 다이어트에 좋은 단호박에
저지방 고단백 닭 가슴살을 돌돌 말아 오븐에 구웠어요.
닭 가슴살은 담백하고 단호박은 달콤해요.

재료 준비

단호박 **165g** / 닭 가슴살 **246g**
★ 완성 **282g** / 오븐 170℃ 15분 굽기

만들기

❶ 단호박은 껍질째 깨끗이 씻어 반으로 자르고 씨와 속을 숟가락으로 깨끗하게 긁어낸다.

❷ 단호박은 0.5cm두께로 길게 잘라 준비한다.

❸ 닭 가슴살은 결을 따라 0.3cm두께로 얇게 잘라 준비한다.

❹ 준비해둔 단호박에 닭 가슴살을 돌돌 만다.

❺ 파슬리 가루를 솔솔 뿌려 토핑 후 오븐 팬에 올리고 170도 오븐에서 구워낸다.

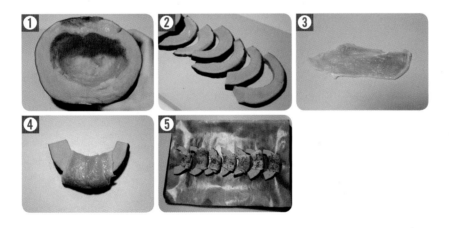

쿠킹 TIP

★ 단호박 껍질에는 많은 칼슘이 함유되어 있어 골다공증 예방에 좋아요.

★ 껍질을 벗겨내지 말고 만들어보세요!

★ 단호박을 반으로 자르기 힘들 땐 전자레인지에 2~3분 돌린 후 자르면 쉽게 자를 수 있어요.

영양정보

*닭 가슴살은 저지방 고단백 저칼로리 건강식품입니다. 담백하고 육질이 부드러워 강아지 간식에서 많이 쓰이는 재료입니다.

*단호박은 각종 비타민과 미네랄, 섬유질이 함유되어 있으며 특히 식이섬유가 풍부하여 소화를 촉진, 장 기능을 원활하게 도와주는 다이어트에 좋은 식재료입니다.

검은깨 두부 찜 케이크

피모에 좋은 검은깨가 콕콕 박힌 고소하고 담백한 찜 케이크랍니다.
퍽퍽할 수 있는 닭 가슴살을 두부와 함께 쪄내어 촉촉하고 부드러워요.
건강한 재료만 넣고 오븐 없이 찜기를 이용한 찜 케이크를 만들어 보세요.

재료 준비

닭 가슴살 **80g** / 쌀가루 **50g** / 검은깨 **30g** / 달걀 **1개** / 우유 **1큰술** / 올리브 오일 **1작은술**

★ 완성 머핀 2개 분량

만들기

❶ 두부는 끓는 물에 20분 데쳐 염분을 제거한다.

❷ 두부를 1cm 크기로 깍둑썰기 하고 키친타월을 이용해 물기를 제거한다.

❸ 볼에 달걀을 풀고 올리브 오일과 우유를 넣는다.

❹ ③에 다진 닭 가슴살을 넣는다.

❺ 여기에 쌀가루, 검은 참깨를 넣고 가루가 보이지 않도록 섞는다.

❻ 반죽에 준비해둔 두부를 넣고 두부 모양이 망가지지 않도록 주걱으로 살살 섞어 반죽을 마무리한다.

❼ 머핀 컵에 반죽을 채워 담고 20분간 쪄낸다.

쿠킹 TIP

★ 두부는 제조하는 과정에서 간수가 들어 있어 염분 제거가 필수예요!

★ 피모에 좋은 연어 오일을 반죽에 한 큰술 첨가해도 좋아요.

★ 두부를 으깨어 반죽에 넣어주어도 좋아요.

영양정보

＊검은깨는 비타민B, 리놀산 등 불포화지방산이 다량 함유되어
콜레스테롤 수치를 낮추며 오장을 튼튼하게 합니다.
또한 항산화작용을 하는 감마토코페롤과 케라틴이 함유되어
털의 윤기, 탈모, 노화 방지, 피부 건강에 좋습니다.

＊두부는 콩을 갈아 만든 식품으로 식물성 단백질이 풍부합니다.
소화흡수율이 높아 콩의 영양을 완전하게 흡수할 수 있는 건강식품입니다.
콜레스테롤을 억제하고 골다공증을 예방하며
비타민E가 풍부하여 혈액순환을 좋게 합니다.

디포리 두부 파운드

뼈를 튼튼하게 하는 고단백 두부 파이 위에 먹음직스러운 디포리를 통째로 올려 구워냈어요.
검은콩과 마른 표고버섯을 다져 넣은 영양가 높은 파운드예요. 보기에도 좋아 선물용이나 특별한 날에
만들어도 좋답니다. 정성과 사랑이 담긴 파이 간식을 만들어보세요.

재료 준비

두부 **120g** / 디포리 **6마리** / 불린 검정콩 **20g** / 마른 표고버섯 **5g** / 데친 참치 **90g** /
쌀가루 **100g** / 달걀 **1개** / 우유 **5큰술** / 올리브 오일 **2큰술** / 검은깨 약간

★ 완성 314g / 180℃ 오븐 25분 굽기

만들기

❶ 디포리는 깨끗한 물에 1시간 이상 담가 염분을 빼고 준비해둔다.

❷ 통조림 참치는 기름을 따라 버리고 끓는 물에 데쳐 염분과 기름을 제거하고 체에 걸러 물기를 뺀다.

❸ 두부는 끓는 물에 데쳐 염분을 제거한 후 면 보자기에 싸서 물기를 제거한다.

❹ 불린 검은콩과 마른 표고버섯은 잘게 썬다.

❺ 볼에 달걀 1개를 풀고 우유, 올리브 오일을 넣고 섞는다.

❻ 달걀 물에 준비해둔 두부와 참치, 다진 검은콩과 표고버섯을 모두 넣고 섞는다.

❼ ⑥에 쌀가루를 체에 내려 더한 후 주걱으로 섞어 반죽을 만든다.

❽ 파운드 틀에 올리브 오일을 바른다.

❾ 오일을 바른 틀에 반죽을 붓고 검은깨를 뿌린 후 염분을 뺀 디포리를 위에 차례대로 얹고 180℃ 오븐에서 25분간 구워낸다.

쿠킹 TIP

★ 파이 속 참치는 빼고 두부만 넣어도 담백한 파이를 만들 수 있어요.
   단, 참치를 넣지 않게 되면 수분이 많아서 쌀가루의 함량을 늘려야 해요.

★ 참치 대신 다진 닭 가슴살, 오리고기 등 다른 육류를 넣어보세요.

영양정보

*두부는 저 열량 고단백식품으로 콩의 영양소를
온전히 섭취할 수 있는 우수한 단백질 공급원입니다.
골다공증을 예방하는 이소플라본과 뼈를 튼튼하게 하는 칼슘이
다량 함유되어 있으며 필수 아미노산뿐만 아니라 철분, 무기질이 풍부합니다.

*디포리는 칼슘, 철분 성분이 함유되어 골다공증 예방 및 피부미용,
체력 증진 효과가 있습니다.

*참치는 저지방 고단백 식품으로 DHA, EPA, 셀레늄 등을 함유하여
뇌세포 활성, 관절 건강, 면역력 상승 기능이 있습니다.

디포리두부파운드

단호박 야채 만주

건강한 재료들로 동글동글 노란 만주 간식을 만들었어요.
활성화 산소를 제거, 암 예방 효과가 있는 단호박과 들깨가루를 넣고 반죽을 만들고
만주에 들어가는 앙금 대신 닭 안심과 아스파라거스, 당근, 연어를 넣고 속을 가득 채웠답니다.
세 가지의 다른 속 재료를 사용해서 먹는 재미가 있는 건강하고 맛있는 간식이예요.

● 재료 준비

반 죽 : 단호박 190g / 들깨가루 15g / 쌀가루 15g
속재료 : 닭 안심 60g / 연어 10g / 당근 10g / 아스파라거스 10g
★ 완성 235g, 만주 6개 / 오븐 180℃ 25분 굽기

● 만들기

❶ 볼에 찐 단호박을 으깬다.

❷ 으깬 단호박에 들깨가루, 쌀가루를 넣고 섞어 반죽을 만든다.

❸ 완성된 반죽을 6등분하여 둥그렇게 뭉친다.

❹ 당근, 아스파라거스는 다진 후 살짝 볶아 준비하고 연어는 염분을 제거한 후 다져 준비한다.

❺ 세 개의 그릇에 당근, 아스파라거스, 연어를 각각 담고 닭 안심을 20g씩 나누어 넣고 섞는다.

❻ 단호박 반죽을 손으로 만져가며 소를 채울 공간을 만든다.

❼ 반죽 중앙에 세 가지의 소를 하나씩 올려 보자기 싸듯 잘 꼬집어 여민다.

❽ 유산지나 데프론시트를 깐 오븐 팬 위에 간격을 띄우고 반죽을 올린다.

❾ 반죽 위에 달걀 노른자 물을 고루 발라 180℃에서 25분 구워낸다.

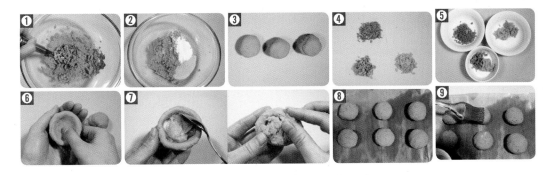

● 쿠킹 TIP

★ 반죽을 오븐 팬에 올릴 때 반죽을 여민 부분이 아래로 가도록 놓으세요.

★ 달걀 물을 바를 때 달걀의 농도가 너무 진하면 색이 타게 나오니 주의하세요.

★ 한 가지의 속 재료만 사용해도 좋아요!

영양정보

＊단호박은 비타민이 풍부하게 들어있어 피부 건강, 눈 건강에 좋으며 감기와 같은
감염증의 예방과 개선에 효과적이고 활성산소를 제거하여 암을 예방합니다.

＊들깨가루는 오메가3, 비타민이 풍부하여 동맥경화, 혈관질환을
예방, 피부 미용, 노화 방지에 좋으며 항암 효과가 있습니다.

＊아스파라거스는 비타민과 칼슘, 인, 칼륨 등 무기질이 함유되어
혈관 강화, 노화 방지, 고혈압 예방과
＊개선에 도움이 되며 식물섬유가 풍부해 다이어트 식품으로도 좋습니다.

늙은 호박 수수부꾸미

소고기 소를 넣고 반달 모양으로 빚어 지진 부꾸미 간식이에요.
늙은 호박의 달달함과 소고기의 고소함의 조화가 좋아요.
별미간식으로 만들어 보세요.

재료 준비

늙은 호박 **170g** / 소고기 **100g** / 쌀가루

★ 완성 **326g**, 부꾸미 **7개**

만들기

❶ 늙은 호박은 속의 씨를 긁어내고 껍질을 벗기고 적당한 크기로 썬다.

❷ 믹서에 자른 호박을 넣고 곱게 간다.

❸ 믹서에 쌀가루와 간 호박을 붓고 물을 조금씩 추가해 가며 되직한 농도로 반죽한다.

❹ 약한 불로 달군 팬에 올리브유를 살짝 두르고 키친타월로 고루 펴 바른 뒤 반죽을 한 스푼 떠 얹어 둥글납작하게 모양을 잡는다.

❺ 팬에 다진 소고기를 넣고 살짝 볶아 소를 만든다.

❻ 반죽 한쪽 면이 익으면 준비한 소고기 소를 가운데 올린다.

❼ 소를 넣고 반으로 접은 뒤 숟가락을 이용해 부꾸미 끝이 벌어지지 않도록 모양을 잡아주면서 익힌다.

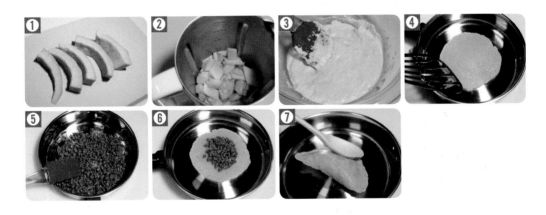

쿠킹 TIP

★ 코코넛 오일을 사용하면 더욱 좋아요.

★ 소고기 대신 다른 육류도 사용해보세요.

영양정보

*늙은 호박은 카로틴과 비타민C, 칼슘, 레시틴이 풍부하게 들어 있으며
이뇨 작용과 노폐물 배출, 해독 작용이 뛰어납니다.
그밖에도 노화 방지, 피부 미용, 면역력 향상, 항암효과가 있습니다.

단호박 전

노란 단호박을 맛있게 구워냈어요.
단호박 특유의 향과 달콤함을 느낄 수 있는 쫄깃쫄깃 촉촉한 전이예요.
부드러운 닭 안심을 더해 영양도 풍부하답니다.

재료 준비

단호박 **200g** / 닭 안심 **100g** / 쌀가루 **50g**

★ 완성 **300g**, 단호박 전 **8개**

만들기

❶ 단호박은 껍질을 벗기고 쪄낸 후 적당한 크기로 자른다.

❷ 믹서에 찐 단호박을 넣고 곱게 간다.

❸ 닭 안심은 곱게 다진다.

❹ 볼에 다진 닭 안심과 믹서에 간 단호박, 쌀가루를 넣고 고루 섞어 반죽을 만든다.

❺ 팬에 올리브오일을 살짝 두르고 한입 크기로 반죽을 떠 올리고 중불에서 앞뒤로 부친다.

쿠킹 TIP

★ 닭 안심을 넣지 않고 단호박으로만 만들어 주어도 좋아요.

★ 팬에 기름을 두를 때는 올리브오일이나 카놀라유를 사용하는 것이 좋아요.

영양정보

*단호박은 비타민A(베로카로틴)이 풍부하게 들어있어
눈 건강, 눈의 피로, 감기에 효과적이며 피모와 노화 방지에 좋습니다.
달콤한 맛이 좋아 고구마와 같이 강아지 간식에 많이 쓰이는 재료입니다.

*닭 안심은 지방의 함량이 거의 없는 고단백 저칼로리의 대표적인 부위로
담백한 맛이 좋아 강아지 간식재료로 많이 사용됩니다.

연어 · 병아리 콩 피자

콜레스테롤이 높은 일반 피자와 달리 연어와 병아리 콩을 사용한 저칼로리 피자예요.
연어와 병아리 콩을 쏙쏙 박아 먹음직스럽게 구워냈어요.
밀가루로 만든 피자 도우가 아닌 병아리 콩가루와 소량의 현미가루만 넣었어요.
특별한 날 만들어 주기 좋은 간식이랍니다.

재료 준비

연어 **75g** / 간 병아리 콩 **60g** / 현미가루 **30g** / 달걀 **1개** / 올리브 오일 약간

★ 토핑 : 병아리 콩 35g, 연어 22g

★ 완성 피자 틀 지름 **15cm 1개** / 오븐 180℃ 30분 굽기.

만들기

❶ 껍질을 벗긴 연어는 잘게 다져 준비한다(연어 22g은 토핑용으로 남겨둔다).

❷ 병아리 콩은 4시간 이상 불려둔 후 냄비에 담아 삶는다(불린 병아리 콩 35g는 토핑용으로 남겨둔다).

❸ 믹서에 삶은 병아리 콩을 넣고 갈아준다.

❹ 볼에 다진 연어, 간 병아리 콩과 달걀, 현미가루를 넣고 주걱으로 고루 섞어 반죽을 만든다.

❺ 피자 틀에 올리브 오일을 바른다.

❻ 오일을 바른 틀에 반죽을 채운다.

❼ 반죽 위에 토핑용으로 남겨둔 연어와 병아리 콩을 콕콕 박아 장식하고 180℃로 예열한 오븐에서 30분간 굽는다

❽ 구워낸 피자 위에 파슬리를 뿌리고 코티지 치즈를 보슬보슬하게 올린다.

쿠킹 TIP

★ 병아리 콩은 깨끗하게 씻어 4시간 이상 충분히 불려 주세요.

★ 코티지 치즈를 만들어 위에 토핑하면 피자 위의 치즈 느낌을 연출할 수 있어요.

★ 현미가루는 밀가루나 쌀가루로 대체 가능하며 오븐 틀이 없다면 반죽을 밀대로 밀어 피자 도우를 만들어 보세요.

영양정보

*병아리 콩은 저칼로리 식품으로 일반 콩에 비해
단백질, 칼슘, 베타카로틴, 식이섬유가 풍부합니다.
설사, 소화불량, 콜레스테롤 저하기능이 있으며
칼슘 함량이 높고 비타민C, D가 풍부해 피로 회복, 노화 방지에 좋습니다.
밥 맛이 나며 포만감을 느낄 수 있어 다이어트 식품으로 좋습니다.

*연어는 단백질, 비타민, 오메가3, DHA, EPA가 함유되어 있어
성장, 소화촉진, 콜레스테롤 제거, 암 예방, 동맥경화 예방,
뇌세포 활성, 피부 미용, 노화 예방에 좋습니다.

연어 병아리 콩 피자

단호박 볼

노오란 단호박에 브로콜리와 코코넛을 넣어 동글동글하게 빚은 볼 간식이랍니다.
바사삭하게 부서지는 비스킷 식감으로 먹는 소리까지 맛있답니다.
코코넛 파우더를 넣어 강한 브로콜리의 향을 누그러뜨리고 달콤함은 배가 시켰어요.
피부노화 예방은 물론 칭찬용 간식으로 한입에 쏘옥, 하나씩 주기에도 좋답니다.

재료 준비

단호박 **250g** / 브로콜리 **100g** / 코코넛 파우더 **40g**

★ 완성 **70g**, 볼 **15개** / 식품건조기 65℃ 10시간 건조.

만들기

❶ 단호박은 껍질을 벗기고 쪄서 으깬다.

❷ 데친 브로콜리는 잘게 다진다.

❸ 볼에 으깬 단호박과 브로콜리, 코코넛가루를 넣고 섞는다.

❹ 반죽을 동그랗게 빚어 볼을 만든다.

❺ 식품건조기 트레이 위에 빚은 반죽을 올리고 65℃에서 10시간 건조한다.

쿠킹 TIP

★ 브로콜리의 비타민C와 A는 줄기부분이 풍부해요! 줄기부분까지 다져서 사용해보세요.

★ 코코넛 파우더가 없다면 코코넛 가루 대신 쌀가루를 넣어 반죽하세요.

★ 건조 시간은 기호에 맞게 조절할 수 있어요.

영양정보

*브로콜리는 풍부한 비타민C와 비타민A를 가지고 있어
피부 미용, 피부질환 개선, 노화 예방에 효과적인 웰빙 식품입니다.
그밖에도 칼슘, 철분, 마그네슘이 들어있어
빈혈,고혈압 예방,면역력 강화,동맥경화,암 예방에 효과가 있습니다.

*단호박은 비타민, 무기질, 식이섬유가 들어있으며
비타민E는 피부와 노화 방지에 좋습니다.

*코코넛은 나트륨, 칼슘, 칼륨, 망간, 비타민이 함유되어 있으며
식이섬유가 풍부해 변비에 효과적이고 복통, 설사, 관절염, 골다공증 예방에 좋습니다.

미꾸라지 오븐 구이

미꾸라지 한 마리를 통으로 즐기는 바삭하고 담백한 보양 간식이랍니다.
고단백 영양소가 풍부한 미꾸라지를 오븐에 구워 담백해요. 강아지들이 정말 좋아한답니다.
원기 회복에 좋은 미꾸라지 간식으로 에너지 충전시켜주세요.

재료 준비

미꾸라지 **13마리** / 쌀가루 **30g** / 달걀 **1개**

★ 오븐 170℃ 10분 굽기.

만들기

❶ 미꾸라지는 소금을 넣고 비벼 씻어 해감하고 흐르는 물에 깨끗이 씻어낸다.

❷ 손질한 미꾸라지는 키친타월에 올리고 물기를 제거한다.

❸ 미꾸라지에 쌀가루를 얇게 묻힌다.

❹ 볼에 쌀가루에 달걀을 풀고 덩어리가 없도록 고루 섞어 튀김옷을 만든다.

❺ 쌀가루를 묻힌 미꾸라지에 튀김옷을 입힌다.

❻ 유산지를 깐 오븐 팬에 미꾸라지를 올리고 170℃ 10분 구워낸다.

❼ 오븐에서 구워낸 미꾸라지에 황태가루를 뿌려 토핑 한다.

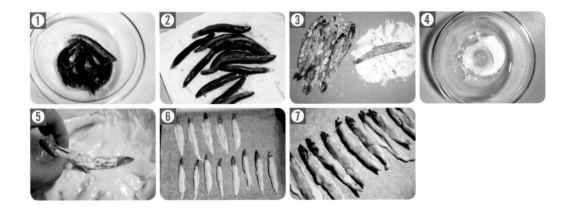

쿠킹 TIP

★ 미꾸라지는 소금으로 해감 후에 깨끗한 물에 여러 번 헹궈 내야 해요.

★ 오븐 없이 조리할 때는 프라이팬에 올리브오일을 살짝만 두르고 튀겨주세요.

영양정보

*미꾸라지는 영양소가 풍부한 고단백질의 정력 식품입니다.
비타민과 칼슘, 단백질이 들어 있으며 원기를 보충하여
기력 강화에 도움을 줍니다.
비타민A는 시력 보호에 좋으며 비타민D는
성장기 강아지의 뼈 형성에 좋습니다.
그밖에도 피부 미용, 노화 방지, 설사 완화 효과가 있습니다.

고구마 닭 안심 빵

고구마와 닭 안심으로 만들어 낸 폭신폭신 부드러운 빵 간식이예요.
부드러운 식감을 위해 닭 안심을 사용했어요.
오븐 없이 전자레인지로 쉽게 만들 수 있는 간단한 베이킹에 도전해 보세요.

재료 준비

닭 안심 **87g** / 고구마 **300g** / 달걀 **2개** / 우유 **5큰술** / 꿀 **1큰술**
★ 완성 450g / 전자레인지 7분

만들기

❶ 찐 고구마를 으깬다.

❷ 볼에 달걀 노른자를 풀고 으깬 고구마, 꿀, 우유를 넣는다.

❸ 여기에 다진 닭 안심을 넣고 섞어 반죽을 마무리한다.

❹ 다른 볼에 달걀 흰자를 넣고 거품기를 한쪽 방향으로 저어가며 머랭을 만든다.

❺ ③에 머랭을 넣고 살살 섞는다.

❻ 내열 용기에 올리브오일을 살짝 바르고 반죽을 채운다.

❼ 랩을 씌우고 젓가락으로 구멍을 낸 후 전자레인지에 7분 돌린다.

쿠킹 TIP

★ 머랭을 만들면 훨씬 부드러운 식감의 빵을 만들 수 있어요.

★ 하지만 번거롭고 시간을 단축하고 싶다면 처음부터 노른자 분리 과정 없이 달걀을 푼물에
고구마, 닭안심살을 넣고 반죽을 마무리 해주세요.

영양정보

* 고구마는 탄수화물, 칼륨, 미네랄, 칼슘이 많이 들어 있어
피로 회복, 노화 방지에 효과가 있으며 식이섬유가 풍부하여 변비를 해소 합니다.
또한 비타민C가 풍부해 피부 미용, 감기 예방에 좋습니다.

* 닭 안심은 지방과 콜레스테롤의 함량이 매우 낮은 고단백 식품입니다.
닭 가슴살에 비해 지방의 함량이 약간 더 높지만 크게 차이가 없으며
퍽퍽하지 않고 부드러운 식감으로 강아지 간식 재료로
닭 가슴살과 함께 많이 쓰입니다.

* 달걀은 양질의 단백질은 물론 비타민, 무기질 등 필수 아미노산을 갖추고 있습니다.
자양 강장, 정력, 노화 예방에 효과가 있으며 달걀 노른자는 피부와 털에 좋습니다.
단, 달걀 흰자는 반드시 익혀서 먹여야 합니다.

돼지꼬리 육포

성장발육에 좋은 돼지꼬리를 그대로 건조시킨 천연 육포랍니다.
영양 섭취에도 좋고 물고 뜯는 동안 스트레스 해소에도 좋지요.
쫄깃쫄깃한 식감은 씹을수록 고소해요.

● 재료 준비

돼지꼬리 **8개** / 월계수 잎 / 식초
★ 완성 **532g**, 육포 **8개** / 식품건조기 70℃ 15시간 건조

● 만들기

❶ 돼지꼬리는 식촛물에 담가 소독한다.

❷ 꼬리에 붙어있는 털을 면도칼로 밀어 잔여물을 제거한다.

❸ 냄비에 돼지꼬리와 월계수 잎을 넣고 삶아 기름을 제거한다.

❹ 삶아진 돼지꼬리는 깨끗이 씻고 물기를 제거한다.

❺ 돼지꼬리를 비스듬히 놓고 사선으로 칼집을 낸다.

❻ 식품건조기 트레이 위에 종이 호일을 깔고 돼지꼬리를 올려 70 ℃에서 15시간 건조한다.

❼ 건조된 돼지꼬리는 키친타월로 기름을 닦아낸다.

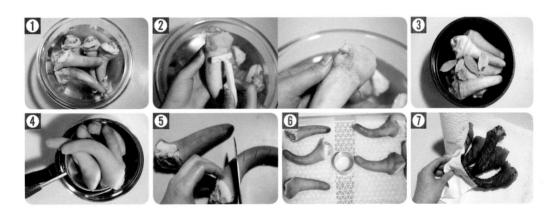

● 쿠킹 TIP

★ 돼지꼬리는 두꺼워서 칼집을 내주어야 건조시간을 단축할 수 있어요.

★ 건조할 때는 기름이 많이 나와 건조기 트레이 위에 종이 호일을 깔아두면 청소가 편하답니다.

★ 누린내가 싫다면 우유에 담가 냄새를 제거하고 건조하세요.

★ 소형견 강아지에게 급여시에는 반으로 컷팅 후 건조하는 게 좋아요.

영양정보

*돼지꼬리는 고영양 식품으로 단백질과 영양소가 풍부합니다.
비타민B, 철, 인, 칼슘 및 각종 미네랄이 풍부하여
기력 회복과 성장 발육에 좋습니다.
또한 돼지꼬리에는 콜라겐이 풍부해서 피부 탄력 유지에 도움을 줍니다.
하지만 고칼로리이므로 적당량을 급여해야 합니다.

돼지 귀 육포 껌

돼지 귀는 연골로 되어 오독오독 씹히는 재미가 있어요. 돼지 귀를 건조해서 고소한 육포 껌 간식으로 만들었어요.
다른 뼈 부위에 비해 연골이 연해서 소형견뿐만 아니라 모든 견종이 먹기에 좋답니다.
딱딱한 뼈 간식은 부담스럽고 오랫동안 씹으면서 먹을 수 있는 간식을 찾는다면 돼지귀로 육포 껌을 만들어 보세요.

재료 준비

돼지 귀 2장 / 월계수 잎 / 식초
★ 완성 **194g** / 식품건조기 건조 70℃ 15시간

만들기

❶ 돼지 귀는 식촛물에 담가 소독한다.

❷ 가운데 연골을 가위로 잘라 펼친다.

❸ 면도기를 이용해 귀 안쪽 털과 잔여물을 제거한다.

❹ 냄비에 돼지 귀와 월계수 잎을 넣고 삶아 기름을 제거한다.

❺ 삶은 돼지 귀를 결 방향으로 길게 자른다.

❻ 식품건조기 트레이 위에 종이 호일을 깔고 슬라이스 한 돼지 귀를 70℃에서 15시간 건조한다.

❼ 건조된 돼지 귀는 키친타월로 기름을 닦아낸다.

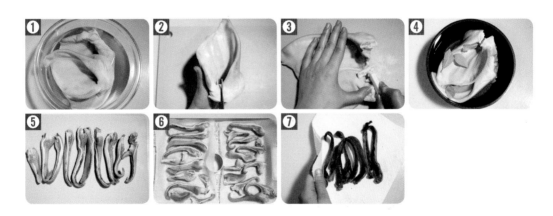

쿠킹 TIP

★ 돼지 귀는 기름과 불순물이 많아 한번 삶아 주는 게 좋아요.

★ 삶을 때 월계수 잎을 넣어 주면 비린내를 제거할 수 있어요.

★ 기름이 많아 식품건조기 트레이 위에 종이 호일을 깔아주면 청소가 편하답니다.

★ 대형견은 돼지 귀 전장을 자르지 않고 통으로 건조해 주는 것도 좋아요.

영양정보

*돼지 귀는 연골로 이루어져 있으며
콜라겐과 칼슘이 풍부하며 뼈 건강과,
피부 미용에 도움을 줍니다.
치석 제거 및 스트레스에 효과가 있습니다.

멸치 파우더

고소한 멸치향이 가득한 천연 멸치 파우더예요

한번 만들어 놓으면 간식 만들 때 다양하게 활용할 수 있는 만능 파우더랍니다.

사료 위에 뿌리면 손쉽게 칼슘을 섭취할 수 있고 음식의 기호성도 높아져요.

재료 준비

멸치

★ 식품건조기 70℃ 9시간 건조

만들기

❶ 멸치 내장을 제거한다.

❷ 내장을 제거한 멸치는 찬물에 1시간 이상 담그고 수시로 물을 갈아 주며 염분을 제거한다.

❸ 2차 염분 제거를 한다. 끓는 물에 거품을 걷어내며 멸치를 데친다. 2회 반복한다.

❹ 염분을 제거한 멸치는 깨끗이 씻어 물기를 제거한다.

❺ 식품건조기 트레이 위에 멸치를 올리고 70℃에서 9시간 건조한다.

❻ 믹서에 건조된 멸치를 넣고 곱게 간다.

쿠킹 TIP

★ 멸치 내장에는 칼슘과 비타민B, 아미노산이 풍부하게 함유되어 있어요. 내장을 제거하지 않고 사용해도 좋아요.

★ 시중에 판매되는 멸치는 나트륨이 다량 첨가되어 있어 꼼꼼히 염분 제거를 해줘야 해요.

영양정보

＊멸치는 지방과 열량이 적고 칼슘, 각종 무기질, 오메가3 지방산과
항산화 효과에 좋은 타우린을 다량으로 함유하고 있습니다.
골다공증 예방, 성장발육 촉진, 뼈를 튼튼하게 하는 효과가 있습니다.

단호박 요거트 아이스크림

여름이 제철인 단호박으로 만드는 저칼로리의 시원한 아이스크림이랍니다.
달콤하고 시원해서 더운 여름철에 별미 간식으로 좋아요.
사람이 먹는 아이스크림은 각종 첨가물과 당분이 많이 함유되어있어요.
나의 반려견을 위한 안전한 아이스크림을 만들어 보세요.

재료 준비

찐 단호박 110g / 요거트 130g / 꿀 1큰술

만들기

❶ 단호박은 껍질을 벗기고 푹 쪄서 준비한다.

❷ 볼에 찐 단호박과 요거트를 넣고 꿀 1큰술을 더한다.

❸ 핸드 블렌더나 믹서를 이용해 곱게 간다.

❹ 밀폐용기에 곱게 간 단호박을 담고 냉동고에 얼린다.

❺ 단호박이 살짝 얼었을 때 꺼내어 포크로 긁어 고루 섞고 다시 얼린다. 2~3회 반복한다.

쿠킹 TIP

★ 당이 첨가 되지 않은 플레인 요거트를 사용해야 해요.

★ 단호박은 단맛이 강한 색깔이 진한 것으로 고르세요.

★ 아이스크림은 배탈이 날 수 있으니 소량만 급여하도록 하세요.

영양정보

*플레인 요거트는 유산균 함량이 높습니다.
유산균은 유해한 균의 활동을 막아주고 장 운동이 원활 할 수 있도록 도와줍니다.
다량의 비피더스균이 함유되어 항암 효과도 볼 수 있습니다.
그밖에도 저칼로리 식품으로 다이어트에 도움이 되며
면역력 강화, 피부 미용 효과가 있습니다.

*단호박은 비타민A와 식이섬유가 풍부해요.
피부, 노화 방지, 눈의 피로에 효과가 있습니다.

*꿀은 신진대사를 원활하게 해주어 피로 회복에 좋고
체내의 콜레스테롤과 혈관 노폐물을 제거해
혈액 순환과 고혈압 예방에 도움을 줍니다. 항균, 피부 건강에도 좋습니다.

대구살 어묵

고단백 저지방 대구살 속에 채소가 쏙쏙 들어간 수제 어묵이랍니다.
대구살은 몸을 따뜻하게 하고 감기를 예방하는 효과가 있어 겨울철에 영양과 맛을 동시에 만족시킬 수 있는 간식이예요.
수제 어묵이라고 하면 만들기 복잡하게 생각되지만 냉동 대구살을 이용하거나 전을 부치는
용도로 나온 대구살을 사용하면 간단하고 쉽게 만들 수 있어요.

● 재료 준비

대구살 **340g** / 당근 **40g** / 우엉 **35g** / 브로콜리 **35g** / 쌀가루 **40g** / 달걀노른자 **1개**
★ 완성 **393g**

● 만들기

❶ 포 뜬 대구는 면보에 펼쳐 물기를 제거한다.

❷ 물기를 제거한 대구는 믹서에 갈거나 곱게 다져 준비한다.

❸ 살짝 데친 우엉, 당근, 브로콜리는 잘게 다진다.

❹ 볼에 믹서에 간 대구와 다진 채소, 쌀가루, 달걀 노른자를 넣고 고루 섞는다.

❺ 어묵 반죽은 먹기 좋은 크기와 모양으로 빚는다.

❻ 프라이팬에 올리브 오일을 두르고 노릇하게 튀긴다.

❼ 튀긴 어묵은 키친타월 위에 올려 기름을 제거한다.

★ 보관 및 급여방법 : 밀봉하여 냉장 또는 냉동 보관하세요. 냉장 보관시 최대 7일 이내 급여하세요.

● 쿠킹 TIP

★ 시중에 판매되는 포 뜬 대구살을 사용하면 따로 손질할 필요 없이 간편해요. 그래도 혹시 남아 있을지 모르는 생선 가시는 제거해 주세요.

★ 생선살 반죽에 평소 잘 먹지 않는 채소가 있다면 다져서 넣어보세요.

★ 기름에 튀기는 간식이므로 지방과다가 되지 않도록 가끔씩만 주도록 합니다.

★ 기름이 부담스럽다면 찜기를 이용하면 담백한 어묵을 만들 수 있어요.

영양정보

*대구는 소화가 잘되며 지방이 매우 적은
고단백 저칼로리 식품입니다.
혈액 순환을 좋게 하고 몸을 따뜻하게 하며
감기 예방 효과가 있습니다.
흰살 생선으로 비타민 A와 D.E를 함유하고 있으며
뼈를 튼튼하게 하고 충치를 예방하는 데 도움을 줍니다.
특히 겨울이 제철인 식품으로 겨울철 간식 메뉴로 좋습니다.

닭 가슴살 머핀

닭 가슴살 베이스 반죽에 다양한 재료로 토핑해서 만드는 머핀이랍니다. 나의 반려견 기호에 따라 재료를 선택해서 만들어 보세요.
머핀은 한번 먹을 수 있는 분량으로 크기가 작아서 케이크보다 실용적이랍니다.
모양도 좋아서 생일이나 특별한 날 만들어 주어도 좋아요.

● 재료 준비

닭 가슴살 **150g** / 쌀가루 **50g** / 달걀 **2개** / 올리브 오일 **1큰술** / 우유 **1큰술**
토핑1_ 단호박 파우더 약간 / 사과 약간
토핑2_ 멸치 파우더 약간 / 렌틸콩 약간
토핑3_ 소간 파우더 약간 / 병아리콩 약간 / 딸기 칩 2개
토핑4_ 블루베리 **3개** / 코코넛 파우더 약간
★ 완성 머핀 **4개** / 오븐 170℃ 20분 굽기

● 만들기

❶ 닭 가슴살은 다져서 준비한다.

❷ 다양한 토핑 재료를 준비한다.

❸ 볼에 달걀을 풀고 올리브 오일을 넣고 섞는다.

❹ 달걀 물에 다진 닭 가슴살을 넣고 고루 섞는다.

❺ 여기에 쌀가루를 체에 내려 더하고 날가루가 보이지 않도록 섞는다.

❻ 머핀 틀에 짤 주머니나 수저를 이용해 반죽을 80%정도 채워 담는다.

❼ 반죽 위에 준비한 토핑 재료를 원하는 모양으로 올린다. 170℃ 오븐에서 20분 구워낸다.

● 쿠킹 TIP

★ 다양한 토핑 재료를 사용해서 나만의 반려견을 위한 머핀을 만들어보세요.

★ 토핑으로 준비한 재료는 반죽 위에 올려 주어도 좋고 반죽에 섞어서 구워도 좋아요.

영양정보

＊닭 가슴살은 저지방 고단백 식품으로
담백하고 육질이 부드러워
다양한 조리법을 활용할 수 있어
강아지 간식에서 가장 많이 사용하는 식재료입니다.

고구마 말랭이

● 재료 준비

고구마 **2개** (110g)

● 만들기

❶ 고구마는 깨끗이 씻어 껍질을 벗겨 내고 찐다.

❷ 찐 고구마는 식힌 후 폭 1cm의 스틱 모양으로 자른다.

❸ 식품건조기 트레이 위에 나란히 올리고 70℃에서 9시간 건조한다.

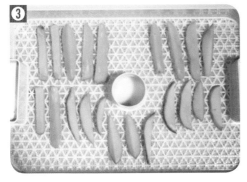

● 쿠킹 TIP

★ 저온으로 건조하면 영양소 손실을 줄일 수 있어요.

★ 건조 시간을 조절해서 원하는 식감으로 만들어 보세요.

영양정보

*고구마는 탄수화물, 칼륨, 미네랄, 칼슘, 비타민이 함유되어
피로 회복, 피부 미용, 눈 건강, 노화 방지에 효과가 있으며
식이섬유가 풍부하여 변비 해소에 좋습니다.